콘크리트 실무지침 KCI PM105.4-16

비부착 텐던의 규정, 시공 및 프리스트레스 손실 산정

프리스트레스트콘크리트위원회

사단법인 한국콘크리트학회 Korea Concrete Institute

발간사

그동안 우리 학회는 본연의 역할인 해당 분야의 학문과 기술을 향상시키면서 모범전문학회로서 크게 성장하여 왔습니다. 특히 지난 학회 20주년을 기념하여 보다 체계적인 참고문헌을 발간하기 위하여 '콘크리트실무지침편찬특별위원회'를 구성하여 전문서적을 발간하기 시작한 지도 7년여가 지나가고 있습니다.

이 특별위원회(당시 위원장 김상식 명예회원)는 2009년에 처음으로 구성되어 많은 노력 끝에 2010년 말 처음으로 『해양 콘크리트의 염해 내구성 및 설계』, 『매스 콘크리트의 온도 균열 제어』, 『고유동 콘크리트의 제조 및 시공』, 『콘크리트 구조물 이음의 설계 및 시공』, 『콘크리트 양생』 등 5권의 실무매뉴얼을 발간한 바 있습니다. 그 후 2011년 특별위원회는 학회 연구전문위원회의 도움을 받아 출판을 기획하여 『건축 포스트텐션 시스템』, 『PS 긴장재의 시공, 긴장관리 및 그라우팅』, 『콘크리트 장기거동 해석 및 적용』, 『폴리머 콘크리트 복합체의 제조 및 시공』, 『콘크리트 구조물의 방수기술』, 『레디믹스트 콘크리트 품질 문제의 원인 및 대책』, 『콘크리트 제조, 운반 및 타설』 등 7권의 실무매뉴얼을 2012년에 발간하게 되었습니다. 그리고 2012년, 2013년, 2014년에 각각 6권씩 기획된 18권의 실무지침 중에서 『국내외 주요 기준의 휨-압축 부재 설계 및 예제』, 『콘크리트 구조물의 철근 부식 진단과 방지 대책』, 『섬유보강 고인성 시멘트 복합재료의 구조적 이용과 성능 평가』, 『프리스트레스트 콘크리트 건축물과 플랜트 구조물의 설계 및 공법』, 『수중구조물의 점검 및 보수보강 지침』, 『시스템 거푸집의 설계와 시공』 6권을 2014년 12월에 발간하여 총 18권의 실무지침이 출판되었습니다. 이번에는 2014년에 기획된 『비부착 텐던의 규정, 시공 및 프리스트레스 손실 산정』 실무지침을 발간하게 되었습니다. 그리고 2015년에 기획된 1권, 2016년에 기획된 5권을 포함하여 총 15권의 실무지침의 집필이 진행되고 있습니다. 지난번 발간사에서도 밝힌 바와 같이 이번 발간물도 마지막이 아니고 앞으로 계속 많은 실무지침을 발간할 예정이며, 이미 발간된 매뉴얼도 계속 수정해 나갈 것입니다. 아무쪼록 집필자들의 노력으로 발간된 각종 실무지침들이 회원과 독자 여러분에게 큰 도움이 되기를 바랍니다.

끝으로 지난 몇 년 간 어려운 여건 속에서도 열심히 노력하시어 실무지침을 작성하여 주신 집필책임자 강현구 회원님과 집필위원 여러분에게 감사드리며, 세심한 검토를 해주신 특별위원회 배수호 부위원장을 비롯한 여러 위원님들에게도 감사드립니다.

2016년 12월
사단법인 한국콘크리트학회
콘크리트실무지침편찬특별위원회 위원장 김 진 근
학회 회장(14대) 신 현 목

머리말

우리나라, 북미, 중남미 등에서는 실용적인 비부착식 포스트텐션 시스템을 건축물에 주로 적용하고 있다. 부착식 시스템의 경우 그라우팅 공종뿐만 아니라 쉬스에 강연선을 삽입하는 공종이 추가되기 때문에 자재 및 장비 면에서나 공기 측면에서 불리한 것이 사실이고, 대개 이를 위한 추가 비용이 소요된다. 비부착 텐던이라 하면 부식방지에 있어 취약하다는 근거 없는 오해가 있다. 과거에 북미에서 종이피복 방식 또는 플라스틱 삽입 방식이 사용되었을 때 수분과 염소이온의 침투에 노출되었던 것이 사실이고, 결국 강연선 부식이 심화되어 파단된 사례가 있기 때문일 것이다. 이러한 사례는 그라우팅 공법을 적용하는 포스트텐션 교량 구조물에서도 그라우팅 불량에 의하여 왕왕 발생하였다. 현재는 부식방지에 탁월한 압출성형 단일피복텐던이 사용되기 때문에 이러한 문제는 거의 발생하지 않고 있다. 더구나 해외에서는 캡슐형 정착구 사용이 의무화되어 수분과 염소이온의 침투가 봉쇄된 시스템이 사용되고 있다. 단일 비부착 텐던은 3중 부식방지 기능을 가지는데, 우선은 부식을 방지하는 알칼리 성분의 콘크리트가 텐던을 둘러싸고 있고, 고밀도폴리에틸렌 성분의 플라스틱 피복이 있으며, 플라스틱 쉬스 안에 밀실하게 채워진 그리스가 강연선에 도포되어 있다. 프리텐션 시스템이나 부착식 포스트텐션 시스템의 경우에는 콘크리트 또는 그라우팅으로 부식을 방지하는데, 특히 그라우팅의 경우 현장 관리가 제대로 되지 않을 때 공극 발생에 따른 내구성 문제가 발생할 수 있다. 덕트 안을 그리스로 채우는 비부착식이 경우에도 가동중검사를 수행할 때 또는 기타 다른 요인에 의해 그리스가 유실될 수 있다. 따라서 최근에는 피복텐던을 덕트에 삽입한 후 그라우팅하는 개선된 비부착 텐던이 해외 원전 구조물에 도입되고 있으며, 이 역시 그라우트, 플라스틱 피복, 그리스의 3중 부식방지 기능을 가진다. 이러한 내용을 포함한 비부착 텐던 관련 여러 규정, 시공, 그리고 설계에 필요한 프리스트레스 장단기 손실 산정에 대하여 금번 실무지침에서 다루었다.

그간 집필에 힘쓰신 서울시립대학교 김강수 교수, 대림산업 윤장근 차장, 아주대학교 전세진 교수, 삼성물산 건설부문 조영욱 차장의 적극적인 참여에 감사드린다. 우리 프리스트레스트콘크리트위원회의 윤석구 위원장 외 모든 위원들의 조언에 감사드리며, 본 실무지침에 대하여 고견을 주시고 격려를 해주신 김진근 전 학회장, 김상식 전 학회장을 비롯한 실무지침편찬특별위원회와 발간물심의위원회의 모든 위원들께도 감사드린다.

2016년 12월

프리스트레스트콘크리트위원회(KCI-105)

비부착 텐던의 규정, 시공 및 프리스트레스 손실 산정 집필위원장 강 현 구

집필위원

집필책임자	강현구(서울대학교)
집 필 위 원	김강수(서울시립대학교), 윤장근(대림산업(주)), 전세진(아주대학교) 조영욱(삼성물산(주) 건설부문)

검토위원

검 토 위 원	김상식(인하대학교), 김진근(KAIST)

발간물심의위원회

위 원 장	이광명(성균관대학교)
위 원	차수원(울산대학교), 유성원(가천대학교), 홍건호(호서대학교), 강석화(JNT INC) 윤영묵(경북대학교), 박홍근(서울대학교), 이정윤(성균관대학교), 최경규(숭실대학교)

기획 실무지침편찬특별위원회

위 원 장	김진근(KAIST)
고 문	김상식(인하대학교), 정영수(중앙대학교), 정하선((주)전우구조건축사기술사사무소)
부 위 원 장	배수호(안동대학교)
간 사	홍건호(호서대학교)
위 원	김은겸(서울과학기술대학교), 김종호(창민우컨설탄트), 김한수(건국대학교) 박성우(삼성물산), 박홍근(서울대학교), 박홍기(태조엔지니어링), 서석구(서영엔지니어링) 송영철(EPRE), 연규석(강원대학교), 이광명(성균관대학교), 이재훈(영남대학교) 이재훈(도화구조), 이주호(롯데건설), 이진용(캐어콘), 장덕배(동양미래대학) 정광량(동양구조안전기술), 조윤구(현대건설), 차수원(울산대학교), 한천구(청주대학교)

차 례

제 1 장 개 요

1.1 텐던과 비부착 텐던

텐던이란 긴장재, 정착구, 지압판, 앵커헤드, 쉬스 또는 덕트, 플라스틱 피복, 그리스 또는 PT 코팅, 그라우트, 쐐기 등을 총칭하는 전문용어이며, 비부착 텐던이란 긴장재가 콘크리트 재료와 부착되어 있지 않은 상태를 영구적으로 유지하는 구조물에 사용되는 텐던을 일컫는다(PTI, 2006 ; 2011 ; 한국콘크리트학회, 2013 ; 2014). 건축 구조물에 비부착식 텐던이 적용될 경우 폴리에틸렌으로 피복되고 그리스가 충전된 단일 비부착 피복텐던이 주로 사용된다. 반면 원자력 발선소 격납건물의 경우 비부착 텐던으로 시공될 경우 쉬스에 여러 가닥의 강연선을 삽입한 후 그라우팅 공종을 생략하는 대신 강연선 부식방지를 위해 그리스로 충전하는 방식이 주로 사용된다. 한편 최근에는 원전 격납건물에도 쉬스에 단일 비부착 피복텐던을 다수 배치한 후 그라우트로 충전하는 새로운 방식이 시도되고 있다. 이러한 비부착 텐던의 장점 중 한 가지는 구조물 사용 기간 중 시간에 따른 긴장재의 응력을 확인하고 필요할 때 재긴장을 실시할 수 있으며, 때로는 일부 긴장재를 적출하여 부식 등의 검사를 수행할 수도 있다는 점이다.

그 밖에 덕트 안을 왁스로 충전하는 방식도 사용된다. 도로교, 박스거더교 등 토

목 구조물에서 때때로 사용되는 외부 텐던의 경우 부식방지 목적으로 덕트 내부를 그라우트로 밀실하게 충전하여 강연선과 덕트와의 부착 상태를 유지하지만 외부 덕트 자체가 부재의 일부 구간에서만 맞닿아 있어 부재 관점에서는 비부착식 텐던이라고 볼 수 있다. 하지만 이러한 적용은 이 실무지침에서는 다루어지지 않는다.

이 실무지침에서는 국내 건축 구조물에서 주로 쓰이는 단일 비부착 텐던의 규정에 대하여 중점적으로 기술되어 있다. 단일 비부착 텐던과 더불어 원전 구조물에서 쓰이는 다발 강연선 비부착 텐던에 대해서도 2장에 소개되어 있다. 프리스트레스 손실 산정 부분(3장)은 단일 비부착 텐던과 다발 강연선 비부착 텐던에 대해서 공통적으로 적용될 수 있는 사항이다.

1.2 단일 비부착 텐던

단일 비부착 텐던은 개별 강연선에 대하여 단일 1구 정착구가 쓰이는 것이 일반적이다(조아서 외, 2015). 최근에는 단일 비부착 텐던으로 압출성형된 피복텐던이 주로 쓰이는데, 이는 특히 국내외 건축 구조물에서 활발하게 사용되고 있다. 단일 비부착 피복텐던은 최근 해외 원전 격납건물에도 적용되고 있으며, 국내 원전 구조물에도 2020년 이후 적용을 목표로 연구 개발되고 있다. 초기의 비부착식 텐던에서 압출성형 피복텐던으로 발전되어 온 과정은 2장에 자세히 나타나 있으며, 이에 대한 규정 역시 2장에 제시되어 있다. 미국콘크리트학회(ACI)의 표준시방서와 포스트텐션학회(PTI)의 시방지침에 따라 제작된 압출성형 피복텐던의 생산으로 단일 비부착 텐던의 부식방지 성능이 크게 향상되었고, 현재는 부식에 대한 내구성이 가장 뛰어난 텐던 중 하나로 알려져 있다. 이는 강연선에 그리스가 도포됨과 동시에 압출성형 방식으로 플라스틱이 피복되고 이후 차가운 물에 응고되는 방식으로 생산된다. 따라서 플라스틱 피복 내부가 그리스로 밀실하게 충전된다. 미국에서는 2014년부터 건축 구조물에서 피복텐던과 더불어 내구성을 고려한 캡슐형 정착구 사용이 의무화되었다. 국내 포스트텐션 건축물 설계 및 시공에 있어서는 PTI 실무지침이 주로 적용되는 바이므로 국내에서도 캡슐형 정착구가 서서히 도입되고 있는 실정이다. 경제적 측면에서도 최근 정착구 단가가 낮아지면서 부식방지와 내구성 증진을 위한 캡슐형 정착구 사용이 타당성을 갖게 되었다. 특히 신규 건축물의 경우 과거에 비해 긴 수명이 요구되기 때문에 캡슐형 정착구의 적용 등 내구성 측면을 고려할 필요가 있다.

1.3 비부착 포스트텐션 구조물

비부착 포스트텐션 구조물이라고 하면 몇 가지 근거 없는 오해가 있는데, 이는 다음과 같다 : 1) 균열이 없다 ; 2) 방수가 된다 ; 3) 시공 후 슬래브에 구멍을 낼 수 없다 ; 4) 텐던이 끊기면 어디론가 날아간다 ; 5) 보수보강이 불가능하다 ; 6) 내구성이 떨어진다. 비균열 단면의 프리스트레스트 콘크리트 구조물이라 하더라도 건조수축 및 구속에 의한 균열은 존재하기 마련이다. 따라서 설계단계에서 균열 발생을 예측하고 균열을 제어할 수 있는 설계기술과 더불어 재료기술, 시공기술 및 유지관리기술이 동시에 요구된다. 포스트텐션 콘크리트 구조물은 일반 콘크리트 구조물에 비해 수밀성이 우수하지만 방수성을 지니고 있지는 않으며, 시공 후 얼마든지 슬래브에 다양한 크기의 구멍을 낼 수 있는 보수보강 공법이 존재한다. 또한 오래된 비부착 텐던의 교체나 외부 텐던을 이용한 보수보강이 가능하며, 북미에서는 포스트텐션 구조물에 대하여 보수보강 시장이 활성화되어 있다. 일반 콘크리트 구조물의 보수보강에 있어서도 외부 텐던을 이용한 외부 포스트텐셔닝 공법의 적용 사례가 늘고 있다.

어떤 이유에서건 강연선이 갑자기 파단되어도 강연선은 어디론가 날아가지 않고 콘크리트로 둘러쌓여 있어 콘크리트 피복이 가장 얇은 지점과 정착구 후면 포켓을 모르타르로 충전한 부위에서 국부적으로 콘크리트가 손상될 뿐이다. 그리고 전술했듯 압출성형 제작 방식으로 생산된 비부착 단일 피복텐던의 경우 내구성 측면에 있어서도 뛰어난 것으로 알려져 있다. 이에 원전 격납건물에서도 단일 피복텐던의 사용이 해외에서 활발히 이루어지고 있는 실정이다. 이 실무지침에서는 원전 구조물에서 비부착 텐던 적용 사례도 소개되어 있다.

또한 이 실무지침에서는 비부착 텐던 관련 각종 규정에 대하여 기술되어 있으며, 부식방지 및 보수보강 지침도 제시되어 있다.

1.4 프리스트레스 손실

긴장재는 공칭인장강도의 80% 이상으로 인장할 수 없도록 규정되어 있다(콘크리트구조기준, 2012). 이는 긴장재가 항복할 위험이 있기 때문에 대부분의 경우 공칭인장강도의 80%에 가깝게 인장하고 있다. 정착구에서 쐐기에 의해 긴장재가 고정되는 순간부터 긴장력의 손실이 발생하는데 보통 단기손실과 장기손실로 나뉜다. 프리텐션 공법에 비해 텐던의 길이가 짧은 포스트텐션 공법의 경우 정착장치 활동에 의한 단기적인 프리스트레스 손실이 상대적으로 큰 편이다. 또한 프리텐션 시스템에서 존재하지 않는 마찰손실이 포스트텐션 시스템에서는 발생한다. 비부착 포스트텐션 구조물의 경우 이러한 단기손실 예측이 중요한 설계요건 중 하나이다. 장기손실은 건조수축, 크리프, 릴랙세이션, 온도변화 등에 의한 프리스트레스 손실로서, 이를 정확하게 예측하는 것은 어려운 일이다.

경우에 따라 특히 실무현장에서는 프리스트레스 손실에 대한 상세한 계산보다 간단한 경험값 사용이 더 적합할 수 있다. 프리텐션 시스템과 포스트텐션 시스템의 프리스트레스 손실 경험값은 서로 다르나 포스트텐션 시스템 중 비부착식과 부착식 시스템의 경험값은 대개 구별하지 않고 사용한다. 이 실무지침에서는 비부착 텐던의 프리스트레스 손실 산정방법이 종합적으로 정리되어 있다.

1.5 기호의 정의

이 절에서는 2장과 3장에서 사용된 기호, 각 기호의 정의 및 단위가 나타나 있다. 각 해당 장, 절에서도 중요한 기호는 정의되어 있으나, 여러 장에서 사용된 기호는 한 번만 정의되어 있거나 일반적으로 자주 사용되는 기호는 따로 정의되어 있지 않다. 따라서 이 실무지침에서 사용된 모든 기호에 대한 정의는 다음에 정리되어 있다.

기호		정의
A_{ps}	=	긴장재의 단면적, mm^2
E_{age}	=	재령 보정 유효 콘크리트 탄성계수, MPa
E_c	=	콘크리트 탄성계수, MPa
$E_{ci}(t')$	=	시간 t'에서 콘크리트 탄성계수, MPa
E_{ci}	=	프리스트레스 도입 직후 콘크리트 탄성계수, MPa
E_{eff}	=	유효 콘크리트 탄성계수, MPa
E_{ps}	=	긴장재의 탄성계수, MPa
f_{ci}	=	프리스트레스 도입 직후 콘크리트 설계 기준 압축강도, MPa
f_{ck}	=	콘크리트 설계 기준 압축강도, MPa
f_{cp}	=	프리스트레스 도입 직후 프리스트레스 힘 중심에서 콘크리트 압축응력, MPa
f_{cpi}	=	프리스트레스 도입 직후 긴장재의 중심에서 콘크리트 평균 압축응력, MPa
f_{cpf}	=	프리스트레스와 모든 작용하중에 의한 프리스트레스 힘의 중심에서 콘크리트 응력, MPa
f_{pa}	=	정착 후 정착장치에서 긴장재 응력, MPa
$f_{pa,A}$	=	정착 후 긴장단 A에서 긴장재 응력, MPa
$f_{pa,B}$	=	정착 후 긴장단 B에서 긴장재 응력, MPa
f_{pj}	=	정착장치에서 긴장응력, MPa
f_{pFl}	=	길이 l_{ps} 구간에서 (평균)마찰손실, MPa
$f_{pj,A}$	=	긴장단 A에서 긴장응력, MPa
$f_{pj,B}$	=	긴장단 B에서 긴장응력, MPa
$f_{p,l}$	=	긴장단으로부터 l_{ps}만큼 떨어진 거리에서 긴장재 응력, MPa
$f_{p,l/2}$	=	긴장단으로부터 $l_{ps}/2$만큼 떨어진 거리에서 긴장재 응력, MPa
$f_{p,\min}$	=	전체 구간에 걸친 긴장재의 최소 응력, MPa
$f_{p,\max}$	=	전체 구간에 걸친 긴장재의 최대 응력, MPa
f_{pu}	=	긴장재의 설계 기준 인장강도, MPa
$f_{p,x}$	=	긴장단으로부터 x만큼 떨어진 거리에서 긴장재의 응력, MPa

기호		정의
g_p	=	프리스트레스 응력-거리 곡선에서 응력의 기울기, MPa/mm
k_{cr}	=	참고문헌 2에 제시된 크리프에 의한 손실을 산정하기 위한 계수
$k_{re,1}$	=	참고문헌 2에 제시된 텐던 릴랙세이션에 의한 프리스트레스 손실을 산정하기 위한 인자
$k_{re,2}$	=	참고문헌 2에 제시된 릴랙세이션에 의한 프리스트레스 손실을 산정하기 위한 인자
$k_{re,3}$	=	참고문헌 2에 제시된 릴랙세이션에 의한 프리스트레스 손실을 산정하기 위한 인자
k_{sh}	=	참고문헌 2에 제시된 건조수축에 의한 프리스트레스 손실을 산정하기 위한 인자
K	=	긴장재 단위길이당 파상마찰 계수, /m
K_{es}	=	참고문헌 3의 방법에 따라 탄성수축에 의한 손실을 산정하기 위한 인자
l	=	지간, m 또는 mm
l_{px}	=	긴장단으로부터 x위치까지 긴장재 길이, m 또는 mm
l_{ps}	=	정착단 사이 긴장재의 길이, m 또는 mm
l_s	=	쐐기 정착에 의하여 영향을 받는 길이, m 또는 mm
n_p	=	콘크리트에 대한 긴장재의 탄성계수 비율
N	=	연속적으로 긴장되는 긴장재의 개수
P_{avg}	=	긴장재의 평균 힘, N
P_{pj}	=	긴장단에서 긴장재의 긴장력, N
P_{px}	=	임의점 x에서 긴장재의 긴장력, N
RH	=	외기의 평균 상대습도, %
V/S	=	콘크리트의 체적과 면적의 비, mm^3/mm^2
x	=	긴장단으로부터 x만큼 떨어진 거리, m 또는 mm
w_c	=	보통중량 콘크리트의 단위중량 또는 경량 콘크리트의 밀도, kg/m^3
α_{px}	=	긴장단부터 임의점 x까지 긴장재의 전체 회전각 변화량, radian
Δ_P	=	긴장재의 신장량, mm
Δf_{cg}	=	프리스트레스 힘의 소성중심에서 중첩된 하중의 작용에 의해 발생되는 콘크리트 응력 변화량, MPa

기호		정의
Δf_{pA}	=	정착손실에 의해 발생되는 응력 변화량, MPa
Δf_{pCR}	=	크리프에 의해 발생된 프리스트레스 손실, MPa
Δf_{pEG}	=	영구하중 추가에 의해 발생되는 긴장재 탄성응력 증가량, MPa
Δf_{pES}	=	탄성수축에 의한 프리스트레스 손실, MPa
Δf_{pFS}	=	마찰 및 쐐기 정착에 의한 프리스트레스 손실, MPa
Δf_{pLT}	=	프리스트레스 장기손실, MPa
Δf_{pRE}	=	릴랙세이션에 의해 발생된 프리스트레스 손실, MPa
Δf_{pSH}	=	건조수축에 의해 발생된 프리스트레스 손실, MPa
Δf_{pT}	=	전체 프리스트레스 손실, MPa
Δs	=	쐐기 슬립, mm
$\Delta \varepsilon_{cr}$	=	크리프에 의한 변형률 변화량
$\Delta \varepsilon_{shb}$	=	건조수축에 의한 보에서 변형률 변화량
$\Delta \sigma(t_i)$	=	시간 t_i에서 응력 변화량, MPa
$\varepsilon_c(t)$	=	시간 t에서 콘크리트 변형률
$\varepsilon_c(t_0)$	=	초기 콘크리트 변형률
μ_p	=	곡선부의 곡률마찰 계수
χ	=	재령 계수
ϕ_0	=	크리프 계수
$\phi(t,t_0)$	=	시간 t_0에서 작용한 하중에 의한 시간 t에서 크리프 계수
$\phi(t,t_i)$	=	시간 t_i에서 작용한 하중에 의한 시간 t에서 크리프 계수
$\sigma(t_0)$	=	시간 t_0에서 응력, MPa

참고문헌

1) 조아서 · 조영욱 · 전병갑 · 강현구, "비부착 강연선에 대한 포스트텐션 정착구 개발 및 성능 시험", 한국콘크리트학회 논문집, Vol. 27, No. 1, 2015, pp.11~20.

2) 한국콘크리트학회, 콘크리트구조기준, 기문당, 2012.

3) 한국콘크리트학회, 건축 포스트텐션 시스템(콘크리트 실무매뉴얼 KCI PM105.1-13), 기문당, 2013.

4) 한국콘크리트학회, 프리스트레스트 콘크리트 건축물과 플랜트 구조물의 설계 및 공법(콘크리트 실무지침 KCI PM105.3-14), 기문당, 2014.

5) PCI, PCI Design Handbook-Precast and Prestressed Concrete Institute-Seventh Edition, Precast/Prestressed Concrete Institute, USA, 2010.

6) PTI, Post Tensioning Manual-Sixth Edition, Post-Tensioning Institute, USA, 2006.

7) PTI, Guide for Design of Post-Tensioned Buildings(PTI DC20.9-11), Post-Tensioning Institute, USA, 2011.

8) Zia, P., Preston, H. K., Scott, N. L., and Workman, E. B., "Estimating Prestress Losses", Concrete International, Vol. 1, No. 6, 1979, pp.32~38.

제2장 관련 규정 및 시공

2.1 단일 비부착 텐던

1장에서 정의하였듯 텐던이란 강선이나 강연선과 같은 긴장재와 그리스, 에폭시, 고밀도 폴리에틸렌 등의 코팅 또는 쉬스, 그리고 정착구 및 정착장치를 포함한다. 프리스트레싱 강연선 또는 PS 강연선(KS D 7002 : 2011)은 그림 2.1에서와 같이 2개 이상의 강선이 꼬여 있는 형태의 긴장재를 일컬으며, PS 강연선은 PS 강선과 비교하여 제작 및 설치가 용이하여 포스트텐션 콘크리트 건축물에서 PS 강선은 거의 사용되지 않고 PS 강연선이 주로 사용된다. 그림 2.2에 나타난 단일 비부착 텐던 중 최근에 주로 사용되는 단일 비부착 텐던은 PS 강연선에 그리스와 고밀도 폴리에틸렌을 도포한 후 순간 응고시킴으로써 코팅 및 피복된 긴장재로서 콘크리트에 낱개로 매립되어도 콘크리트와 부착되지 않아 타설 후 긴장이 가능한 제품이다. 국내에

(a) PS 강연선　　(b) PS 강연선의 단면

그림 2.1 **PS 강연선**

그림 2.2 **단일 비부착 텐던**

서 사용되는 비슷한 건설 자재로는 어스 앵커용 코팅 텐던이 있지만, 이는 단기간에 사용되는 가설 자재로 포스트텐션에 적용되는 단일 비부착 텐던이 요구하는 내구성과 비교하기는 어렵다. 이 장에서는 비부착식 텐던의 역사 및 종류, 그리고 품질 규정 등에 관해서 알아본다.

2.1.1 단일 비부착 텐던의 역사

단일 비부착 포스트텐션은 1950년대 초에 미국에서 최초로 적용되었다. 이때 사용된 비부착 텐던은 현재의 텐던과는 많이 달라 꼬임이 없는 8연선에 코팅제도 플라스틱 계열이 아닌 포장지의 일종인 크라프트지에 쌓여 있는 형태였다.

1960년대에 들어서야 꼬임, 즉 스트랜드가 적용된 텐던이 사용되었고, 1970년대에 들어서서 플라스틱으로 코팅된 현재의 텐던과 유사한 재료가 사용되었다. 플라스틱 코팅이 시작된 70년대 초반에는 그림 2.2(b)에서처럼 평평한 플라스틱을 감아서 코팅하는 열접합 방식이나 그림 2.2(a)와 같은 파이프 형태의 플라스틱관에 밀어 넣는 피복 내로 삽입하는 방식이 사용되다가 추후 그림 2.2(c)와 같은 현재 사용되는 압출성형의 코팅법이 적용되었다. 현재는 전 세계적으로 1,860 MPa 저릴랙세이션 텐던에 리튬계 그리스와 고밀도폴리에틸렌이 코팅된 단일 비부착 텐던이 대부분의 건설 공사에 적용되고 있다.

2.1.2 프리스트레싱 강연선 원재료

프리스트레싱 강연선의 원재료인, KS D 3509에 규정되어 있는 피아노 선재 SWRS 82B를 물리적, 화학적 처리를 하여 PS 강연선을 제작한다. 국내에서 제작된

표 2.1 KS D 3509가 규정하고 있는 PS 강연선 원재료 선재의 화학적 성분 (단위 : %)

선재 종류	C	Si	Mn	P	S	Cu
SWRS 82B	0.8~0.85	0.12~0.32	0.6~0.9	0.025 이하	0.025 이하	0.2 이하

PS 강연선일지라도 원재료인 선재 자체는 해외제품일 수 있으므로 최종품이 국내 제품일지라도 품질관리를 철저히 하여야 한다.

SWRS 82B의 화학적 성분은 표 2.1과 같으며, PS 강연선의 물리적, 기계적 성질이 KS D 3509에 부합하는지 필요에 따라 검사를 수행할 필요가 있다.

2.1.3 프리스트레싱 강연선 및 단일 비부착 텐던 제작

그림 2.3에서는 PS 강연선의 제작과정이 나타나 있고, 코일에 감겨져 있는 그리스 및 고밀도폴리에틸렌 피복된 단일 비부착 텐던의 완제품이 나타나 있다. 우선 그림 2.3(a)에서와 같이 PS 강연선의 원재료인 SWRS 82B 피아노 선재를 염산용액에 담가 표면의 녹을 제거하는 작업을 수행한다. 그후 그림 2.3(b)와 같이 코일처럼 말려 있는 선재를 펴는 작업이 뒤따른다. 그림 2.3(c)에서는 선제를 가는 강신으로 만들기 위해 늘리는 펴기 작업이 나타나 있으며, 그림 2.3(d)에서는 7개의 강선을 꼬아서 강연선을 만드는 작업이 나타나 있다. 그리고 그림 2.3(e)에서와 같이 고주파 열처리를 통해 화학적 안정성과 연성을 확보하는 작업을 수행함으로써 PS 강연선 제작이 완료된다. 이후에 그리스 및 고밀도폴리에틸렌을 도포하면서 코팅하는 압출성형 작업을 통해 단일 비부착 텐던 완제품이 생산되며, 이렇게 생산된 제품은 그림 2.3(f)와 같이 보통 코일에 감겨서 보관되거나 현장으로 이동하게 된다. 플랜트에서 지정된 길이에 따라 절단되어 고정단 및 긴장단의 단일 정착구 및 쐐기를 부착한 후 각각의 텐던을 말아 철사로 고정시킨 상태에서 현장으로 이동되기도 한다.

(a) SWRS 82B 선재 녹처리 작업 (b) 드로잉 작업

(c) 스트레칭(펴기) 작업 (d) 스트랜딩(꼬기) 작업

(e) 안정화 작업 (f) 단일 비부착 텐던 완제품

그림 2.3 **PS 강연선 및 단일 비부착 텐던 제작 과정**

2.1.4 PS 강선 및 강연선의 종류

KS D 7002에 규정되어 있는 강선 및 강연선은 표 2.2와 2.3과 같으며, 국내에서는 7연선 B종인 SWPC7BL이 대부분 사용된다. 북미권에서는 상대적으로 슬래브 두께가 작기 때문에 조립이 용이한 12.7 mm 지름 강연선이 주로 사용되나 국내에서는 정착구 개수를 최소화하기 위해 15.2 mm 지름 강연선이 주로 사용된다. 국내 건축물의 최소 슬래브 두께가 210 mm인 것도 15.2 mm 지름 강연선이 주로 사용되는 이유이기도 하다. 유럽 등에서는 12.7 mm 지름 강연선 대신 93 mm^2 단면적을 가지는 12.5 mm 지름 강연선도 사용되고 있으므로 설계나 시공할 때 그 차이를 인지하여야 한다.

표 2.2 **PS 강선 및 PS 강연선의 종류 및 기호**

종류			기호
PS강선	원형선	A종	SWPC1AN, SWPC1AL
		B종	SWPC1BN, SWPC1BL
	이형선		SWPD1N, SWPD1L
PS강연선	2연선		SWPC2N, SWPC2L
	이형 3연선		SWPD3N, SWPD3L
	7연선	A종	SWPC7AN, SWPC7AL
		B종	SWPC7BN, SWPC7BL
		C종	SWPC7CL
		D종	SWPC7DL
	19연선		SWPC19N, SWPC19L

표 2.3 **PS강선 및 PS강연선의 치수 및 허용치**

종류			기호	호칭명	공칭 단면적 (mm^2)	단위 중량 (kgf/km)	인장 하중 (kN)	0.2% 영구 연신율에 대한 하중 (kN)
PS강선	원형선 및 이형선		SWPC1 및 SWPD1	5 mm	19.64	154	31.9 이상	273.4 이상
				7 mm	38.48	302	58.3 이상	499.8 이상
				8 mm	50.27	395	74.0 이상	629.2 이상
				9 mm	63.62	499	90.2 이상	764.4 이상
PS강연선	2연선		SWPC2	2연선 2.9 mm	13.21	104	25.5 이상	221.5 이상
	이형3연선		SWPD3	3연선 2.9 mm	19.82	156	38.2 이상	331.2 이상
	7연선	A종	SWPC 7A	7연선 9.3 mm	51.61	405	88.8 이상	739.9 이상
				7연선 10.8 mm	69.68	546	120 이상	999.6 이상
				7연선 12.4 mm	92.9	729	160 이상	1332.8 이상
				7연선 15.2 mm	138.7	1101	240 이상	1999.2 이상
		B종	SWPC 7B	7연선 9.5 mm	54.84	432	102 이상	850.64 이상
				7연선 11.1 mm	74.19	580	138 이상	1156.4 이상
				7연선 12.7 mm	98.71	774	183 이상	1528.8 이상
				7연선 15.2 mm	138.7	1101	261 이상	2175.6 이상
	19연선		SWPC 19	19연선 17.8 mm	208.4	1652	387 이상	3234 이상
				19연선 19.3 mm	243.7	1931	451 이상	3792.6 이상
				19연선 20.3 mm	270.9	2149	495 이상	4135.6 이상
				19연선 21.8 mm	312.9	2482	573 이상	4851 이상
				19연선 28.6 mm	532.4	4229	949 이상	7908.6 이상

2.2 단일 비부착 텐던 관련 규정

2.2.1 프리스트레싱 강연선 및 단일 비부착 텐던 관련 규정

국내에서 단일 비부착 텐던에 사용되는 강연선은 주로 KS D 7002의 PS 강연선 7연선 B종 SWPC7BL이다. PS 강연선 피복용 그리스의 목적은 콘크리트 구체와 강연선의 마찰력을 최소화해야 할 뿐만 아니라 화재 등 급격한 환경변화에도 성능을 만족시켜야 하며, 화학적으로도 안정성이 보장되어야 한다. 표 2.4의 성능 검증표는 국내 건축용 포스트텐션 콘크리트 현장에 실제 적용된 단일 비부착 텐던의 그리스를 대상으로 시험을 실시한 결과이다. 표 2.4에 보이는 것처럼 KS M 2130의 집중급유용 그리스 4종 2호를 적용한 결과 ACI 423.7 기준치를 모두 만족하였다.

단일 비부착 텐던에 사용되는 그리스의 양은 12.7 mm 지름 강연선인 경우 1 m당 37 g 이상이 요구되고, 15.2 mm 지름 강연선인 경우 45 g 이상이 요구된다. 그리스량은 단일 비부착 텐던의 플라스틱 피복을 벗겨낸 후, 텐던에 있는 그리스는 유기용제로 제거하고 플라스틱 피복의 그리스는 휴지 등으로 깨끗이 제거한 후 무게를 측정하여 PS 강연선의 무게를 빼면 그리스량을 측정할 수 있다. 현장 당 최소 1 회 혹은 텐던 100 톤당 1 회 이상 실시하는 것을 권고한다.

플라스틱 피복은 아래 사항을 확보해야 한다.

- 텐던 운반 및 각종 작업 중에도 찢어지지 않을 정도의 충분한 내구성 및 방수성능을 갖출 것
- 사용온도에 대한 일정한 연성과 강도를 유지할 수 있고, 부식을 일으킬 수 있는 염소이온이 피복으로부터 분리되지 않는 화학적 안정성을 갖출 것
- 콘크리트 및 강재 등과 화학적 반응을 일으키지 않을 화학적 안정성을 갖출 것

플라스틱 피복은 아래 사항을 만족시켜야 한다.

- 두께는 1.25 mm~1.4 mm를 유지해야 하고 밀도는 최소 940 kg/m^{3}이어야 함
- 내경으로는 (강연선 지름+최소 0.75 mm)가 적당하고 원형으로 부드러운 표면을 유지해야 함

표 2.4 국내 현장에 적용된 단일 비부착 텐던의 그리스 성능 검증서 예시

집중급유용 그리스 4종 2호/적용 규격 KS M 2130

Product Name KD EPGR2

Lot No. 15112401

Report Date 2015년 10월 26일

TEST ITEMS		TEST METHOD	SPECIFICATION		RESULTS
			MAX	MIN	
혼화주도	25 ℃, 60 회	KS M 2032	295	265	282
적정	℃	KS M 2033	–	170	230
동판부식	100 ℃, 24 hrs	KS M 2088	변색 없을 것		Pass
증발량	99 ℃, 22 hrs, %	KS M 2037	2.0	–	0.94
이유도	100 ℃, 24 hrs, %	KS M 2050	5	–	2.85
혼화안정도	10만 회	KS M 2051	375	–	318
수세내수도	38 ℃, 1 hr, %	KS M 2087	10	–	2.7
협잡물(개/cm^2)	25 ㎛ 이상	KS M 2048	3000	–	1020
	75 ㎛ 이상		500	–	135
	125 ㎛ 이상		0	–	0
함수율(%)		ASTM D 95	–	–	0.01
인화점(℃)		ASTM D 92	–	–	254
SOAK TEST(38 ℃, 720 hrs)		ASTM B 117	–	–	A
연속사용온도범위(℃)		–	–	–	-20~140
수용성 이온	Chioride	ASTM D 512	10	–	0
	Nitrate	ASTM D 3867	10	–	0
	Sulfide	APHA 4500–S^2E	10	–	0
피복물질과의 호환성(66 ℃, 40 days)		ASTM D 4289	–	–	PASS

표 2.5 단일 비부착 텐던의 그리스에 대한 ACI 423.7-14 규정(ACI 423, 2014)

항목	시험 설명	시험 방법	합격 기준
1	적점(dropping point)	ASTM D566 또는 ASTM D2265	최소 300 °F[149 ℃]
2	160 °F[71℃]에서 이유도(oil separation)	FTMS 791B 방법 3212	최대 0.5 %
3	함수율(water content)	ASTM D95	최소 0.1 %
4	인화점 [기름성분에 적용]	ASTM D92	최소 300 °F[149 ℃]
5	부식 시험 (100 °F[38 ℃]에서 5 % 염수분무] 5 mils [127 micro-m] (Q Panel Type S)	ASTM B117	ASTM D610에 따라 1,000 시간 동안 노출 후 부식 정도 7급 또는 이상
6	수용성 이온 a. 염화물 b. 질산염 c. 황화물	a. ASTM D512 b. ASTM D3867 c. APHA 4500-S^2E	a. 최대 10 ppm b. 최대 10 ppm c. 최대 10 ppm
7	침지 시험 (100 °F[38 ℃]에서 5 % 염수분무] 5 mils [127 micro-m] Q Panel Type S). 5 % 염수에 패널의 50 %를 담그고 염수분무에 노출)	ASTM B117 (수정됨)	720 시간의 노출 후 코팅의 유화가 없어야 함
8	피복 물질과의 호환성 a. 150 °F[66 ℃] 온도에서 40 일 동안 그리스에 노출한 후 폴리머의 경도/총량 변회 b. 150 °F[66 ℃] 온도에서 40 일 동안 그리스에 노출 후 폴리머의 인장강도 변화	ASTM D4289 (밀도는 ASTM D792) ASTM D638	a. 경도 15 %, 용량 10 % 내에서 허용 변화 b. 인장강도 30 % 내의 허용 변화

표 2.5의 1번 항목인 적점은 그리스의 온도가 상승하여 반고체 상태에서 액체 상태로 변하게 되는 최초 내지는 최저의 온도이고, 낮은 적점을 가진 그리스는 고온에서 텐던에서 흘러 나와 문제가 될 수 있다. 그리스를 장기간 보존해 두면 오일이 점차 분리되어 그리스 표면에 스며 나올 수 있다. 이러한 현상을 이유(離油) 현상 또는 유분리(油分離) 현상이라고 하며, 그리스의 저장안정성(storage stability)라고도 한다. 그리스의 이유도를 측정하는 대부분의 시험은 일정한 온도에 규정시간 동안 그리스를 방치해 둔 후 그리스로부터 분리되어 나온 오일의 양을 무게 백분율(wt %)로 표시하여 측정하며, 이는 일정온도에서 그리스의 화학적 안정성을 확보하기 위함이다. 그리스의 함수율을 측정하는 기준인 KS M 2035는 폐지되었고, 불꽃에 의해 오일증기가 점화되는 최저온도를 의미하며, 오일증기가 발화하는 온도인 발화(fire point)와 직접적인 관련은 없다. 표 2.5의 5~8번 항목은 단일 비부착 텐던의 내구성에 관련된 사항이다.

단일 비부착 텐던의 경우 그리스 코팅이 되어 있으므로 장기적으로 보관할 때 강연선이 부식될 가능성은 거의 없다. 장기 보관할 경우 강연선 롤을 세워서 보관하는 것보다 뉘어서 보관하는 것이 바람직하다. 그리고 태양광에 한 달 이상 직접 노출되면 고밀도폴리에틸렌 코팅이 변형·손상되므로 덮개를 씌우거나 실내에서 보관하도록 한다.

2.2.2 정착구, 커플러 및 부속자재 관련 규정

주물로 제조된 단일 비부착 텐던용 정착구 및 커플러는 내부에 이물질이나 공극 없이 밀실하게 제조되어야 한다. 정착구 관련 성능시험은 2.3절에서 제시하고 있다. 포켓포머나 슬리브 등의 부속 자재는 콘크리트를 타설할 때 습기로부터 정착구 및 강연선을 보호할 수 있어야 하고, 슬리브는 투명 혹은 반투명 상태로 정착구와 연결 상태 및 플라스틱 피복이 제거된 위치를 확인할 수 있어야 한다. 슬리브의 끝단에서 단일 비부착 텐던 연결 부위는 탄성이 있는 테이프로 감싸서 콘크리트가 슬리브 내부로 들어오지 않아야 한다. 테이프의 폭은 50 mm 이상이 되는 것으로 사용하고 검측이 쉽도록 슬리브와 텐던의 고밀도폴리에틸렌 코팅의 색깔과 다른 것을 사용하여야 한다. 슬리브의 내경이 텐던의 외경보다 약간 작게 제작되어 콘크리트가 슬리브 내부로 들어올 수 없도록 된 제품도 있는데, 이는 현장에서 검토한 후 적용되어야 한다.

국내 건축용 포스트텐션 콘크리트 실무에서는 부식성 환경에서 캡슐형 정착구 및 커플러를 구비한 단일 비부착 텐던을 사용하도록 권장하고 있다(그림 2.4와 2.5 참조). 부식성 환경이란 제빙 화학물, 바닷물, 염분이 함유된 물 또는 이런 것들을 수원으로 하는 연무에 직접 또는 간접적으로 접하는 환경, 염분이 있는 해안가 주변의 대기에 노출된 환경 및 정착장치가 있는 부분이 흙과 직접 닿는 환경들이 수밀성을 요구하는 환경에 해당된다. 상기의 조건 이외에 밀집되어 있는 사무실, 공동주택, 창고 및 공장들이 일반적인 환경 조건에 해당되더라도 구조물의 일부분이 수밀성을 요구하는 환경에 노출되는지에 대한 검토가 필요하다. 수밀성이 요구되는 환경에 구조물이 노출된다고 판단되면 부식방지를 위한 플라스틱 재질을 사용한 캡

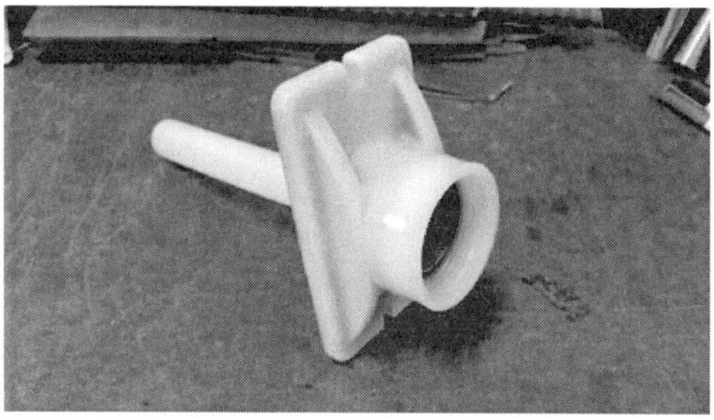

그림 2.4 **캡슐형 단일 비부착 텐던의 정착구 (서울대 연구팀 개발)**

그림 2.5 **캡슐형 단일 비부착 텐던이 사용된 국내 건축시공 현장(서울대 연구팀 개발)**

슐형 정착구의 적용이 고려되어야 한다. 강연선이 절단된 단부의 마감은 캡을 사용하며 캡에는 그리스가 채워져 PS 강연선을 보호하여야 한다.

에폭시로 코팅된 정착구는 에폭시가 도포된 상태의 자재이므로 운반 및 설치 과정 중에 피복이 손상될 수 있으므로 주의가 필요하다. 에폭시가 벗겨진 부분이 있을 경우 부식성 환경에 장기간 노출되지 않도록 보수가 시행되어야 한다. 정착구는 위에서 언급된 것과 같이 쐐기가 닿는 주위를 제외하고는 모든 면이 에폭시로 도포되어야 한다.

최근 미국 ACI 318-14에서는 비부착 포스트텐션 콘크리트 지상구조에 대한 내구성 요구조건을 강화하여 모든 텐던 및 정착구에 대하여 캡슐형 밀봉을 전면 의무화하였다. 국내 건축물의 내구연한이 미국과 비교하여 상대적으로 짧고 커튼월을 많이 사용하여 외기와 맞닿아 있는 슬래브 단부면적이 적은 건축물의 경우 캡슐형 텐던 시스템의 의무화 여부는 논의의 여지가 있다. 하지만 커튼월 방식이 아닌 긴장측 정착구 그라우팅이 외기로 노출되는 경우에는 그라우팅이 밀실하게 시공되지 않아 녹물이 흐를 경우 건물 미관에 문제가 생길 뿐만 아니라 정착구 부근에서 강연선이 부식될 가능성이 있어 이 경우에는 캡슐형 정착구의 사용을 권고한다. 부식으로 인한 내구성 관련 문제는 2.4~2.7절에 소개되어 있다.

2.3 단일 비부착 텐던의 정착구 성능시험 관련 규정

정착구 성능시험 관련 규정은 비부착식과 부착식 시스템에 있어서 동일하다. 다만, 한국콘크리트학회의 KCI PS-101에서는 피로시험의 경우 비부착식 시스템에 대해서만 제시하고 있다. 표 2.6은 포스트텐션 정착구 성능시험에 관한 주요 규정 및 시험의 종류를 요약한 표이다.

표 2.6 **포스트텐션 정착구 성능시험에 관한 주요 규정**

구분		ETAG 013	KCI PS-101	ACI 423	AC 303
정하중 저항성능	정하중시험	○	○	○	○
	극저온 정하중시험	△	×	×	×
피로하중 저항성능	기계식 정착구	○	○	○	○
	부착식 정착구	○	○	×	×
하중전달시험	기계식 정착구	○	○	×	×
	부착식 정착구	○	○	×	×

○ : 제시되어 있음, △ : 필수 아님, × : 제시되어 있지 않음

2.3.1 정하중시험

정하중시험에 대해서는 KCI PS-101에 명시하고 있으며, 보다 자세한 규정은 ETAG 013에 제시되어 있다. ACI의 경우 정하중시험에 대한 자체 언급은 짧게 나타나 있지만 구체적인 시험에 대한 설명은 ICC-ES Acceptance Criteria AC 303(2011)을 참고하라고 제시되어 있다. 이에 대한 사항은 그림 2.6과 같으며, 각 규정의 정하중시험에 대한 비교는 표 2.7과 같다. 표 2.8에서는 정하중시험 중 가인장 여부, 가력 위치, 가력 마무리 단계, 측정오차 등에 대하여 각 규정들을 비교하고 있다.

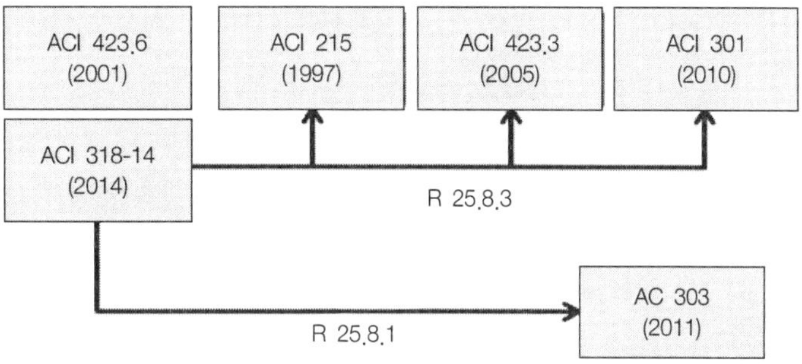

그림 2.6 **단일 비부착 텐던에 대한 정착구 관련 정하중시험 및 피로시험 ACI 규정(ACI 215의 경우 피로시험만 제시)**

표 2.7 **정하중시험 시험체의 치수 관련 각 규정의 비교**

기준	규정
ETAG 013 B.1.1.1절	텐던 내 인장요소의 자유장 길이는 3.0 m 이상이어야 하고, 강봉의 경우에는 최소 자유장 길이를 1.0 m로 한다.
KCI PS-101 15.1.4절	텐던 시험체 인장요소의 자유장은 3.0 m 이상이어야 한다.
ACI 423.7 9.4.1절	조립된 시험체의 부품은 표준생산 품질을 만족해야 하며, 양 정착구 사이의 텐던 길이는 최소 1.1 m 이상이어야 한다.
AC 303 4.1절	정착구 성능시험을 위해서 텐던은 정착구 사이에 최소 1067 mm 이상의 간격을 유지하여 연신율을 측정할 때 최소 게이지 길이인 914 mm 범위에서 측정될 수 있도록 한다. 또한 강연선 상의 측정 위치 기준이 되는 점은 적어도 76 mm 이상 정착구에서 이격시킨다.

표 2.8 **정하중시험 방법 관련 각 규정의 비교**

	ETAG 013	KCI PS-101	AC 303
가인장 여부	(가인장에 대한 언급 없음)	15.I.5.(1)절 개별 강선의 인장 각각의 강연선을 모노잭으로 공칭인장강도의 10 %의 힘으로 개별 인장한다.	4.1절 가인장은 4.45 kN이 넘지 않는 선까지
가력 부분 및 위치	B.1.1.2절 텐던은 한쪽 단부에서 실제현장 환경을 잘 반영하는 장비를 사용하여 긴장시킬 것.	15.I.5.(4) 긴장력 도입 후 강연선을 시험체의 외부에서 공칭극한하중 20 %, 40 %, 60 %, 80 %의 힘으로 단계적으로 인장한다. 인장하중은 100 MPa/min의 속도로 증가시킨다.	4.1절 긴장력은 시험체의 양쪽 단부의 정착구에 가해져야 한다.
가력 마무리 단계	B.1.1.2절 두 종류의 텐던(외부 텐던과 내부 텐던, 비부착 텐던용 정착구의 경우에는 내부 텐던에 해당)에 하중은 최대 변형률인 0.002까지 일정하게 분당 증가시킨다.	15.I.5.(4)절 강연선 파단까지 하중을 증가시키되 모든 강연선을 파단시킬 필요는 없다. 몇 개의 강연선만 파단된다면, 이때를 파단하중으로 결정할 수 있고 더 이상의 하중 증가는 필요하지 않다.	(가력 마무리 단계에 대한 언급 없음)
측정 오차	B.1.1.2절 측정장비에 의해 측정된 오차값은 ±1 % 내외가 되어야 한다. 하중은 최대 2 % 내외의 허용오차로 관리되어야 한다.	15.I.5.(7)절 측정장비에 의해 측정된 값의 오차는 ±1 % 내에 있어야 한다. 15.I.5.(8)절 하중은 최대 오차 ±2 % 내에서 유지되어야 한다.	(측정오차에 대한 언급 없음)
비고	B.1.1.2절 하중이 측정에 사용된 앵커헤드에 확실히 가해지기 위해 잭 내에서 측정된 하중은 정착구에서 마찰손실을 반영하여 조절해야 한다.	정하중시험을 위한 시험체 조립 그림 제시	커플러와 정착구의 성능시험 방식을 동일선상에서 함께 제시

표 2.9 ETAG과 KCI의 정하중시험 허용 조건

ETAG 013	KCI PS-101	
6.1.1-I절	15.I.7.(1)절	정착구가 95 % 이상의 정착효율을 확보하도록 측정한 최대하중이 실제 극한하중의 95 % 이상이어야 하고, 공칭인장하중의 95 % 이상이어야 한다.
6.1.1-I절	15.I.7.(2)절	총 신장량 최대하중에서 측정된 자유장에서 강연선의 총 신장량은 최소 2 %이어야 한다.
6.1.1-I절	15.I.7.(3)절	시험체 파괴는 정착구의 구성요소에 의한 것이 아닌 강연선의 파단에 의한 것이어야 한다. 종방향 균열이나 쐐기 균열은 정착구의 파단으로 보지 않는다.
6.1.1-I절	15.I.7.(4)절	잔류변형 : 시험 후 정착구 구성요소의 잔류변형은 정착구의 구성에 적합하여야 한다.
6.1.1-I절	해당 항목은 KCI에 언급되어 있지 않음	인장요소와 정착구 구성요소 사이 뿐만 아니라 정착구 구성요소들 사이의 변위율은 인장요소 f_{pk}의 80 %에 해당하는 인장력까지 하중이 증가할 때 감소한다.
6.1.1-I절	15.I.7.(5)절	안전성 확보 : 강연선 공칭강도 80 %에서 하중을 고정시켰을 때 상대변위 Δr과 Δs는 처음 30 분 안에 안정되어야 한다.

정착구 성능시험 중 정하중시험에 관련된 허용 조건에 있어서 ETAG와 KCI가 거의 동일한 규정을 표 2.9에서 제시하고 있으며, AC 303에서는 이 두 규정들에 비하여 비교적 간략하게 허용 조건을 제시하고 있다. 즉 AC 303에서는 각각의 시험체들이 시험에 사용된 강연선의 실제 파괴강도의 95% 이상에 해당하는 하중에서 강연선 파단이 발생해야 하고 극한하중에서 각 시험체의 연신율은 최소 2% 이상이 되어야 한다고 규정하고 있다.

2.3.2 피로시험

비부착 텐던에 대한 정착구 피로시험에 있어서는 ETAG와 KCI가 거의 동일한 기준을 제시하고 있다. ETAG 013에서는 부착식 정착구에 대한 피로시험을 이 실무지침에서 다룰 기계식 정착구와 별도로 제시하고 있으나, 여기서는 다루지 않기로 한다. 한편 KCI PS-101의 피로시험 규정은 비부착 텐던에 한하여 적용하는 것으로 명시되어 있다. ACI의 피로시험 규정은 그림 2.6에 정리되어 있으며, 표 2.10에서는 비부착 텐던에 대한 정착구 피로시험 관련 각 규정을 비교하고 있다.

ACI와 AC 303의 허용 조건은 시험체의 파괴 유무라고 할 수 있고 관련된 내용은

표 2.10 비부착 텐던에 대한 정착구 피로시험 관련 각 규정의 비교

구분	하중 영역	하중 범위	진동수
ETAG와 KCI (2,000,000 회)	고점=0.65 F 저점=0.65 F−80 MPa	80 MPa	10 Hz 이하
ACI (500,000 회)	고점=0.66 F 저점=0.60 F	0.06 F	200~600 cpm (10/3~10 Hz)
AC 303 (500,000 회)	고점=0.66 F 저점=0.60 F	0.06 F	1~10 Hz
ACI (50 회)	고점=0.80 F 저점=0.40 F	0.40 F	
AC 303 (50 회)	고점=0.85 F 저점=0.40 F	0.45 F	1~3 Hz

F=최소 공칭인장강도

표 2.11 비부착 텐던에 대한 정착구 피로시험 관련 ETAG와 KCI의 허용 조건

ETAG 013	KCI PS-101	
6.1.2-I절	15.II.7절	(1) 정착요소의 피로파괴가 발생하지 않아야 한다.
6.1.2-I절	15.II.6절	(2) 공칭인장강도의 65 %의 하중에서 80 MPa의 응력범위로 200만회의 피로시험 중에 강연선 단면의 5 % 이상의 손실이 발생해서는 안 된다.

다음과 같다. ACI 423.7-14에 따르면 첫 번째 시험에서 텐던이 공칭인장강도의 60 %에서 66 %의 하중 범위에서 500,000 회의 피로시험을 견뎌야 하며, 두 번째 시험에서는 공칭인장강도의 40 %에서 80 %의 하중 범위에서 50 회의 피로시험을 견뎌야 한다. AC 303에 의하면 동적하중 조건에서 시험체는 피로시험 중에 파괴되지 않아야 한다고 규정하고 있다. ETAG와 KCI의 피로시험 허용 조건은 표 2.11에 나타나 있다.

2.3.3 하중전달시험

하중전달시험이란 정착구로부터 포스트텐셔닝 텐던의 공칭인장강도에 해당하는 압축력이 콘크리트로 전달될 때 정착구의 하중전달성능 및 보조철근 등의 적절한

배근을 통하여 정착구역에서 하중이 원활하게 전달되지를 확인하는 성능시험이다. 비부착 텐던에 대한 정착구의 하중전달시험은 ETAG와 KCI에 제시되어 있다. ETAG에서는 기계식 정착구와 부착식 정착구의 두 가지 형태의 정착구에 대한 하중전달시험을 구분해서 제시하는 반면, KCI는 이 중 기계식 정착구에 대한 하중전달시험만을 다루고 있다. 하중전달시험 방법에 있어서는 KCI와 ETAG가 거의 동일하며, ACI와 AC 303에서는 하중전달시험이 언급되어 있지 않다.

하중전달시험의 시험체 준비, 시험방법, 측정사항, 허용조건, 안정화조건 등에 있어서 ETAG와 KCI는 거의 동일하며 다만, 일축압축시험이나 균열폭에 대해 ETAG에서는 시험계획서와 Eurocode 2(2004)를 참고하라고 규정하고 있는 반면 KCI에서는 시험계획서를 확인할 것을 언급하고 있다. 그러나 시험계획서란 용어는 ETA applicant's guide를 번역한 것으로서 결국 ETAG의 기준을 따라야 함을 알 수 있다.

2.4 비부착 텐던의 부식방지 관련 규정

역사적으로 프리텐션 또는 포스트텐션 시스템에 도입된 프리스트레싱 강재의 부식 문제는 항상 있어 온 것으로 보고되고 있다(Nehil, 1991). 특히 단일 강연선으로 구성된 비부착 텐던에서 발생하는 부식의 원인은 부착 텐던 또는 철근에서 발생하는 부식의 원인과 다를 수 있고 그로 인해 부식의 평가 및 보수 방법도 달라질 수 있다. 이 실무지침에서는 참고문헌 35의 내용에 근거하여 비부착식 텐던에서 발생할 수 있는 부식에 대한 평가 방법과 보수 방법이 소개된다.

비부착 텐던을 사용한 포스트텐션 시스템은 1950년대 북미에 처음 도입되었으며 당시만 해도 프리스트레싱 강재에 대한 명확한 설계기준이 없었던 시기였다. 이후 1958년 ACI-ASCE 323 위원회에서 참고할 만한 지침을 제공하였지만 초기에 사용된 비부착식 텐던만 해도 수작업에 의한 종이 쉬스 방식이 도입되었기 때문에 부식에 대한 우려가 컸다. 1960년대와 1970년대에는 포스트텐션 시스템의 발전과 더불어 포스트텐션 공급 업체가 급속히 확산되면서 비부착식 텐던은 주차장 구조물, SOG 바닥 등 밀폐된 건축물에 주로 사용되었고, 부착식 텐던은 교량, 댐, 수조 등 토목 구조물에 주로 사용되었다. 비부착 텐던의 부식 문제는 1970년대에 처음 발견되었는데, 이는 "PT 코팅"된 텐던이 운반 및 설치되는 과정에서 손상되어 발생한 것으로 추정되고 있다. 당시 PT 코팅은 현재 ACI 423.7 또는 PTI M10.2에서 요구하는 부식방지 요구사항을 만족시킬 필요가 없었으므로 부식에 대한 노출이 더욱 컸던 것이다. 이후 PTI(Post-Tensioning Institute)에서는 원자력 구조물에 적용된 부식방지용 소수성 그리스의 성능을 모니터링하여 비부착 텐던의 내구성을 증대시킬 수 있는 조치를 PTI M10.2-00에 포함시켰고, ACI 318-89에서도 환경에 따른 텐던 및 콘크리트의 품질 확보 방법을 기준에 포함시켰다. 2007년에 발간된 ACI 423.7의 코팅에 대한 상세 규정에서 그리스라는 용어가 PT 코팅이라는 용어로 대체되는데, 이는 이미 2000년에 발간된 PTI M10.2 규정에 포함되어 있는 내용이다. 이러한 개정 작업이 진행되면서 2000년 이후 PTI M10.2 규정에 따라 시공된 구조물들은 극한 환경에서도 부식 발생이 매우 적었던 것으로 보고되고 있다.

2.4.1 피복두께 요구사항

ACI 318-63에서는 프리스트레싱 강재, 덕트, 비부착 철근에 대해 다음과 같은 콘크리트의 최소 피복두께를 요구하고 있다. 이때 부식에 대한 우려가 큰 환경에서는 피복두께를 적절히 증가시키도록 규정하고 있다.

지표면에 면한 콘크리트 피복 ········ 50 mm
보 :
  프리스트레싱 강재, 주철근 ········ 40 mm
  스터럽, 띠철근 ········ 25 mm
외기에 노출한 슬래브 및 장선구조 ········ 25 mm
외기에 노출하지 않은 슬래브 및 장선구조 ········ 20 mm

8년 후에 개정된 ACI 318-71에서는 영구적으로 지표면에 노출되는 프리스트레스트 부재에 대한 피복두께를 기존의 50 mm에서 75 mm로 증가시키게 된다. 이후 ACI 318-83에서는 부식방지가 요구되는 환경에 대해 슬래브와 벽체는 50 mm, 기타 부재는 60 mm, 프래캐스트 콘크리트 부재는 40~50 mm으로 각각 피복두께를 확정하게 된다.

2.4.2 비부착 텐던의 부식방지 규정

비부착 프리스트레싱 강연선의 부식방지 규정은 ACI-ASCE 323 위원회(1958년)에서 처음으로 도입되는데, 피복 안을 그리스 또는 아스팔트 함침재로 채우도록 규정하고 있다. 이후 ACI 318-71에서는 비부착 텐던의 부식방지를 위해 적절한 재료로 완벽하게 PT 코팅되어야 하고, 주변 콘크리트와 부착 방지를 위해 전체 길이에 걸쳐 연속되게 감싸야 할 것을 강조하고 있다. 1972년 PTI는 첫 번째 PTI Manual (Post-Tension Committee, 1972)을 발간하게 되는데 여기에 명시되어 있는 PT 재료에 대한 규정들은 2판과 3판을 거듭하면서 1985년에 발간되는 "Specification for Unbonded Single Strand Tendons"(PTI, 1985)에서 다음과 같은 내용들을 포함하게 된다.

(1) 노출 환경의 정의

텐던이 노출되는 환경을 부식이 우려되지 않는 환경과 부식이 우려되는 환경으로 구분하고 다음과 같이 정의한다. 부식이 우려되지 않는 환경은 내부가 건조한 밀폐된 건축물 또는 눈이 거의 없거나 내리지 않는 지역에 지어지는 구조물이 해당된다. 부식이 우려되는 환경은 제설제, 해수, 해수보다 염화이온의 정도가 낮은 염수 등에 노출되는 환경이다.

(2) 정착구와 커플러

정착구는 쉬스와 연결되는 부위에서 수밀성이 확보되어야 하고 쐐기쪽 구멍이 채워지는 부분 또한 수밀성이 확보되어야 한다. 커플러도 강연선과 동일한 방법으로 코팅되어야 한다.

이후 1993년 개정에서는 정적실험 기준이 명확해지고 동적실험에 대한 요구사항이 추가된다. 특히 부식이 우려되는 환경에서는 텐던의 모든 구성요소 연결 부위에서 수밀성을 확보하여야 한다. 즉 정착구는 캡슐형 정착구가 되어야 하고, 정착구와 피복의 연결부위와 쐐기쪽 구멍이 봉인된 부위에서는 24시간 동안 8.6 kPa의 정수압을 저항할 수 있어야 한다.

(3) 쉬스

쉬스의 두께는 노출 환경에 따라 다르게 정의하고 있다. 부식이 우려되지 않는 환경에서는 0.6 mm 이상, 부식이 우려되는 환경에서는 0.8 mm 이상, 쉬스의 내측 지름은 강연선의 지름보다 최소 0.3 mm 이상으로 한다.

이후 1993년 개정에서는 부식이 우려되지 않는 환경과 부식이 우려되는 환경을 구분하지 않고 최소 피복 두께를 0.8 mm 이상으로 변경한다. 또한 피복의 내측 지름은 강연선의 지름보다 최소 0.3 mm에서 0.8 mm 이상으로 증가시킨다.

(4) 부식방지 코팅

텐던의 부식방지 성능은 ASTM B117에 근거하고 있으며 부식이 우려되지 않는 환경에서는 최소 720 시간, 부식이 우려되는 환경에서는 최소 1,000 시간 이상 부식방지 코팅이 저항할 수 있어야 한다.

이후 1993년 개정에서는 모든 텐던이 ASTM B117 RUST Grade 7 기준을 1,000 시간 이상 만족해야 한다. 즉 부식이 우려되지 않는 환경에서 요구했던 최소 720 시간 기준은 삭제 되었다.

2.5 비부착 텐던 시공할 때의 주의사항

2.5.1 쉬스 문제

초창기 비부착식 텐던의 피복 형태는 그림 2.7(a)와 같이 종이 쉬스 방식을 사용하였기 때문에 나선 형태로 겹쳐지는 사이로 침투된 수분은 종이 피복 안쪽의 강연선을 부식시켰다. 이로 인하여 피복과 강연선 사이 부분이 완벽하게 봉인되지 않아 습기 또는 염화물이 콘크리트 내부로 침투하여 텐던까지 도달할 우려가 많았다. 이렇게 콘크리트 내부 틈을 유발시키고 종이 피복 자체가 운반 및 설치 과정 중에 쉽게 손상되어 내구성이 저하되는 문제점이 있었다.

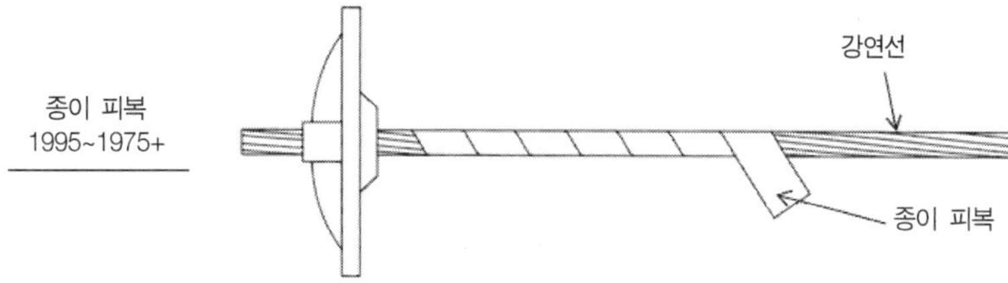

(a) 종이 피복 방식

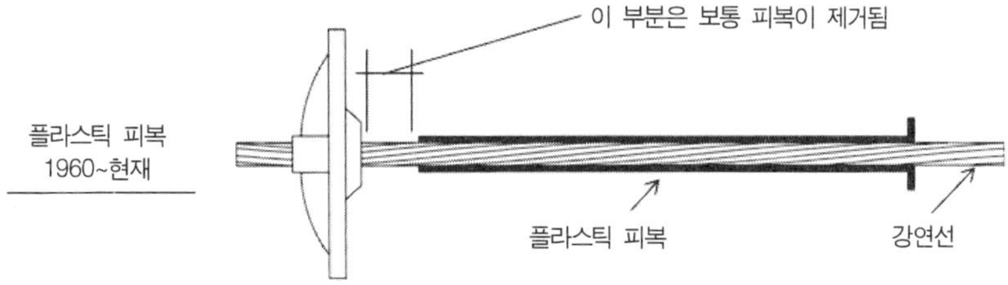

(b) 플라스틱 피복 방식

그림 2.7 **피복 방식의 종류**

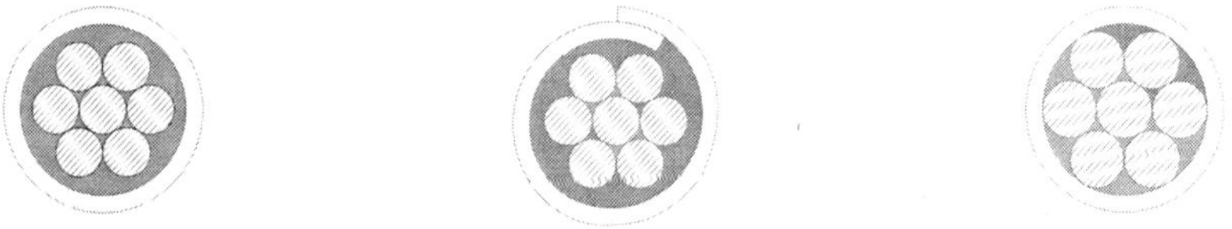

(a) 삽입 방식 (b) 열접합 방식 (C) 압출성형 방식

그림 2.8 **플라스틱 피복 방식의 종류**

이러한 문제를 해결하고, 보다 내구성이 좋은 제품을 공급하기 위해 그림 2.7(b)와 같은 플라스틱 쉬스 방식의 비부착 텐던이 도입되는데 이는 그림 2.8과 같이 삽입 방식, 열접합 방식, 압출성형 방식의 3가지로 구분될 수 있다. 이 중 삽입 방식과 열접합 방식은 쉬스가 약간 크게 제작되어 강연선과 쉬스 사이에 틈이 발생하기 때문에 공기가 들어가 제품의 운반 및 설치 과정에서 물이 침투할 우려가 있었다. 반면 1970년 초반부터 사용된 압출성형 방식은 강연선과 쉬스 사이의 틈을 최소화하여 이러한 문제들을 해결할 수 있다.

2.5.2 시공상세 문제점

그림 2.9 **긴장단 정착구 그라우팅 문제점(www.architectoid.blogspot.kr)**

긴장단에서 텐던을 긴장하게 되면 긴장단 정착구 측의 강연선이 대략 30 m 길이에 200 mm 정도 이동하게 된다. 이러한 변형이 발생하게 되면 쉬스가 강연선을 감싸고 있지 않은 부분과 콘크리트 사이에서 마찰이 발생하여 강연선과 쉬스 사이로 물이 침투할 우려가 있다. ACI 423.7에서는 강연선이 콘크리트에 노출되는 길이를 긴장단에서 25 mm로 제한하고 있고, 고정단에서 300 mm로 제한하고 있다. 고정 정착구의 경우 긴장할 때 이동이 크지 않기 때문에 콘크리트에 노출되어도 오염물 또는 물 등이 침투할 우려가 작지만, 긴장단 정착구는 이동량이 상대적으로 크기 때문에 물 또는 산소 등이 부식을 발생시킬 우려가 크다.

또한 긴장단 정착구의 포켓포머 부분을 그라우팅함에 있어서 강연선 꼬리가 포켓포머 안쪽에서 충분히 짧게 절단되지 않은 경우나 그림 2.9와 같이 그라우팅 재료가 수축하여 포켓포머에 공극이 발생하여 물이 정착구로 침투하는 경우에도 텐던의 부식이 발생할 우려가 있다.

2.5.3 보관, 운반 및 시공할 때의 문제점

쉬스 자체에 문제가 없더라도 보관, 운반, 시공 중에 쉬스가 찢어지면 심각한 문제가 발생할 수 있다. 텐던을 보관함에 있어서 텐던이 지표면에 직접적으로 노출되어 눈 또는 비의 영향을 받게 되면 습기나 제설제 등의 영향으로 텐던이 부식될 우려가 높아진다. 또한 텐던이 창고 안에 한 달 이상 보관될 경우에는 햇볕에 직접적으로 노출되지 않도록 관리를 해야 한다. 텐던을 운반하는 과정에서 발생하는 손상은 주로 시공할 때 주의가 부족한 것과 연관이 있다. 보통 지게차로 텐던을 트럭에서 야적장으로 운반할 때 쉬스가 찢어지는 경우가 있는데, 이러한 경우에는 완충재 역할을 하는 패드를 사용하여 와이어 또는 철제 밴드로 운반하는 것이 바람직하다. 텐던을 거푸집 위로 올리는 과정에서도 마찬가지로 주의가 필요한데 텐던을 전부 설치하고 나서 콘크리트를 타설하기 전에는 쉬스가 찢어진 부분이 없는지 확인하고 찢어진 부분은 반드시 타설 전에 보수해야 한다.

부식이 우려되는 환경에서 도입된 캡슐형 시스템은 그림 2.10과 같이 크게 제작된 슬리브를 사용하여 정착구에서 텐던 단부까지를 봉인하는 방법으로 사용되었다. 이러한 슬리브는 공극으로 수분이 침투하는 것을 막기 위해 연결 부위가 플라스틱 코팅으로 감싸져 있었고, 초기 시스템만 해도 정착구와 슬리브 사이의 기계적 연결보다는 마찰에 의존하는 시스템이었다. 그러나 그림 2.11과 같이 마찰에 의존하는 슬리브 시스템은 정착구에서 슬리브가 빠지는 문제가 발생하여 ACI 423.7에서는 정착구와 슬리브 사이에 기계적 연결장치를 요구하게 되었다. PTI M10.2에서는 비부착 텐던에서 발생하는 이러한 문제들을 점검하였고, 이러한 문제들이 장기적인 포스트텐션 시스템의 성능에 영향을 준다는 점을 지적하여 PTI M10.3에서 몇몇 사항들을 규정하게 되었다.

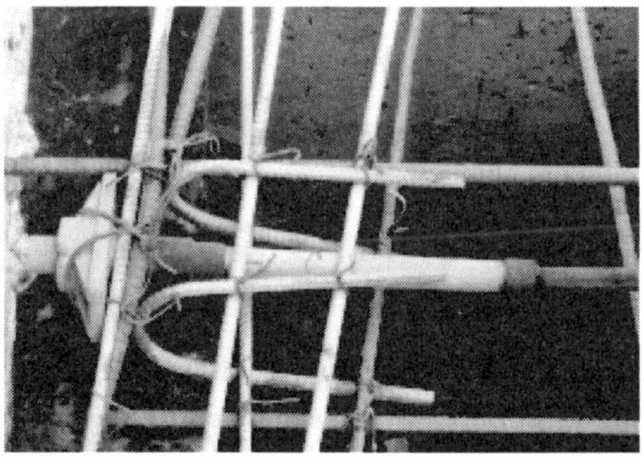

그림 2.10 **슬리브를 사용한 캡슐화된 정착구**(ACI 423.4R-14)

그림 2.11 **초창기 캡슐형 정착구의 부식 문제**(ACI 423.4R-14)

2.5.4 텐던 부식에 의한 하자

텐던의 부식은 물과 산소가 존재하는 곳에서 대부분 발생한다(그림 2.12(a)). 부식방지 코팅이 강연선을 완벽하게 감싸고 있고 외부로부터 텐던이 물에 노출되지 않으면 원칙적으로 부식은 일어나지 않아야 한다. 그러나 부식방지 코팅이 완벽하게 연속되지 않는 경우가 존재하고 시공상 피복두께가 동일하게 유지되지 않는 경우도 종종 발생하기 때문에 부식에 항상 노출되어 있다. 그림 2.12(b)는 텐던 부식으로 강연선 단면적이 줄어든 상태에서 파단이 발생하고 적절한 피복두께가 확보되지 않아 텐던이 슬래브 밖으로 튀어나온 하자 사례를 보여주고 있다. 주차장 구조물에서도 슬래브 피복두께가 적절하지 않은 경우에는 차량 통행하중이 콘크리트 피복을 탈락시킬 우려가 있으므로 피복두께는 반드시 최소 20 mm 이상 확보되어야 한다.

(a) 강연선 부식으로 인한 손상(www.materialperformance.com)

(b) 강연선 파단으로 인한 손상(www.wefixpt.com)

그림 2.12 **강연선의 손상**

2.6 비부착 텐던의 보수 방법

2.6.1 강연선 이음 방법

텐던이 부식에 의한 손상을 입어 끊어진 경우나 특정 부위에서 텐던의 부식이 의심되는 경우에는 강연선을 교체하는 방법으로 보수를 진행할 수 있다. 텐던의 손상이 정착구로부터 어느 정도 떨어진 위치에서 발생하면 기존의 정착구는 교체없이 재사용할 수 있다. 이 경우 인장력을 받고 있는 강연선에 긴장력을 해체한 후 손상을 입은 강연선을 절단하고 그림 2.13과 같이 커플러를 이용하여 강연선을 이음 시공할 수 있다. 보수에 사용되는 커플러는 길이가 짧은 튜브 방식으로 두 개의 웨지가 양 끝단에 있어 이음부 위치에서 강연선을 재긴장할 수 있다. 이러한 방법으로 보수된 강연선은 당초 계획한 강연선과 대략 유사한 성능을 발휘할 수 있는 것으로 보고되어 있다.

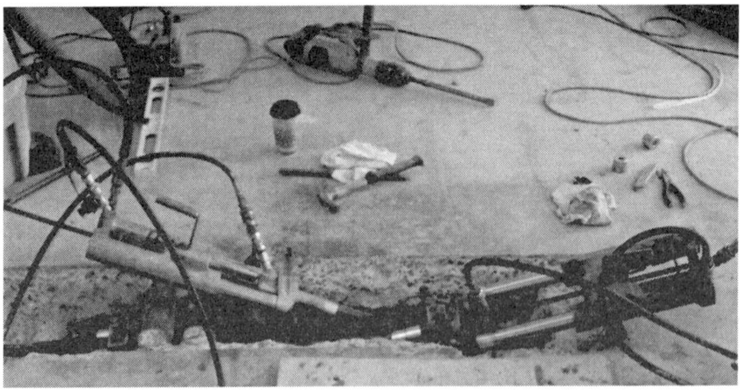

(a) 절단된 강연선 양끝 긴장

(b) 긴장 후

그림 2.13 **커플러 이음 보수 방법(www.otbcontracting.com)**

2.6.2 강연선 교체 방법

텐던 부식이 발생하여 그림 2.14와 같이 강연선 교체가 필요할 경우 강연선만 교체하고 정착구는 재사용하는 것이 가능하지만, 쐐기를 해체하는 과정에서 정착구에 손상이 발생하는 경우가 종종 발생하기 때문에 정착구까지 새로 교체하는 것이 일반적인 방법이다. 강연선 교체를 위해 정착구를 먼저 해체하면 강연선을 뽑아내기가 더욱 쉽다. 강연선을 뽑아낸 후 새로운 강연선을 쉬스 안쪽으로 삽입하기 전에는 쉬스 안쪽에 존재하는 습기를 제거해야 한다. 습기를 제거하는 방법으로는 헝겊 조각을 쉬스 안으로 삽입하는 방법, 건조한 공기를 관통시키는 방법, 수분 흡수용 가스를 관통시키는 방법 등이 주로 사용된다.

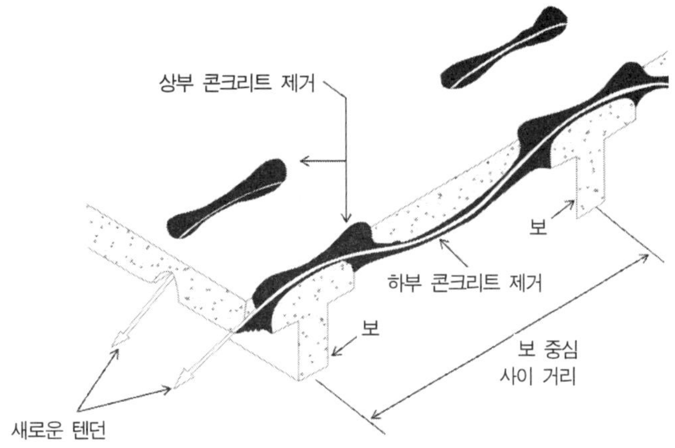

그림 2.14 **트렌칭에 의한 강연선 교체 방법**

새로 교체되는 강연선은 당초 계획한 강연선과 동일한 규격이어야 하지만 일반적으로는 쉬스 안으로 삽입되어야 하는 시공성을 감안하여 직경이 조금 작은 강연선을 사용하고 ASTM A822/A822M 규정을 만족시키는 에폭시 피복된 강연선을 사용하는 것을 추천한다. 정착구 또한 기존의 것을 사용하기 보다는 에폭시 피복된 강연선과 잘 맞는 새로운 제품으로 교체하는 것이 바람직하다.

외부 포스트텐션 보강 방법은 골조, 2방향 플랫 슬래브, 보 시스템 등에 다양하게 적용될 수 있는 보강 방법이다. 보강 원리는 보 또는 슬래브 하부의 인장력이 발생하는 위치에 텐던을 보강하고 단부에서 긴장하여 보 또는 슬래브에 상향력을 주어 처짐을 제어하는 방법이다. 보강된 강연선은 그림 2.15와 같이 마감으로 처리할 수 있으며 시공이 간단하고 최소한의 보강으로 충분한 상향력을 줄 수 있어 보강효과가 크다는 것이 장점이다.

그림 2.15 **외부 포스트텐션 보강 방법**

2.7 비부착 텐던의 원전 구조물 적용

원자력 발전소에서 원자로를 보호하고 있는 격납건물은 대표적인 프리스트레스트 콘크리트 구조물 중 하나이다. 이러한 프리스트레스트 콘크리트 원형 탱크 구조물에는 부착 방식 및 비부착 방식의 텐던이 모두 사용되고 있다. 예를 들어, 국내의 LNG 저장탱크는 부착 방식으로 시공되고 있고, 국내 원전 격납건물의 경우 CANDU형과 같은 일부 형식에는 부착 텐던이 적용된 반면 OPR1000(Optimized Power Reactor 1,000MW) 또는 APR1400(Advanced Power Reactor 1,400MW)과 같이 현재 가동중이거나 시공중인 구조물의 주력 형식에는 비부착 텐던을 사용하고 있다.

지금까지 국내 원전에 사용된 비부착 텐던 시스템은 쉬스 내에 다수의 강연선이 플라스틱 피복 없이 배치된 형태의 다중 텐던으로 시공되었다. 따라서 건축 분야에서 주로 사용해오던 비부착 단일 피복텐던과는 차이가 있다. 하지만 최근 해외의 원전에서는 쉬스 내에 비부착 단일 피복텐던을 다수 배치한 후 부식방지 목적으로 그라우팅 충전하는 비부착 방식도 시도되고 있으므로 이러한 신기술도 이 장에서 다루어진다.

2.7.1 기존의 비부착 텐던 시스템

그림 2.16은 원전 격납건물의 형상을 보여주고 있으며, 그림 2.17은 격납건물에 배치된 텐던들을 보여주고 있다. 그림 2.17과 같이 벽체의 텐던은 원환방향 및 수직방향으로 배치되며, 돔 텐던 또한 원환방향 및 자오선방향으로 배치되는 것이 일반적이다. 국내 원전 격납건물의 상당수는 반구형 돔을 가진 형태인데, 이 경우에는 수직 텐던 및 돔 텐던이 연결되어 역U형을 이루는 경우가 많다. 한편, 그림 2.18은 격납건물 벽체의 단면을 보여주고 있으며, 통상적으로 한 개의 쉬스 내에 피복되지 않은 비부착 텐던이 다수 배치됨을 알 수 있다.

그림 2.16 **원자력 발전소 격납건물**

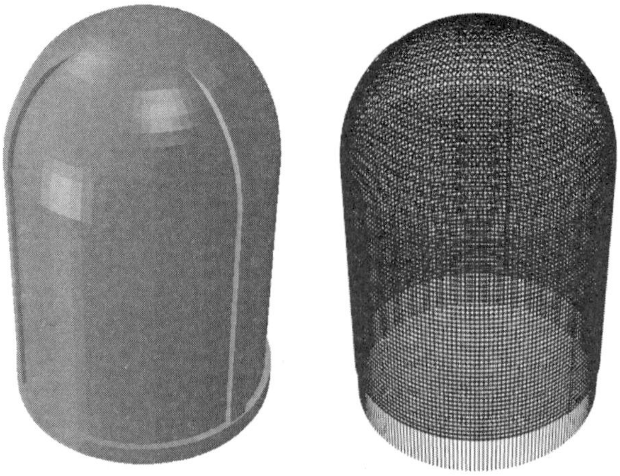

(a) 격납건물 형상　　　　　(b) 텐던 배치 형상

그림 2.17 **원전 격납건물의 텐던 배치도**

그림 2.18 **격납건물 벽체 단면**

2.7.2 원전 격납건물의 포스트텐셔닝 시공

국내 원전 격납건물의 포스트텐셔닝 시공은 주로 "원자로 격납건물의 포스트텐셔닝 시스템 작업절차서"에 기초하여 이루어진다. 이러한 작업절차서에서는 쉬스의 배치 및 보수 방법, 텐던 배치 방법, 앵커헤드의 배치 방법, 텐던의 긴장 방법, 텐던 파단에 대한 허용요건, 마찰계수를 추정하기 위한 시험 방법, 부식방지용 그리스 주입작업 등에 대해 상세히 규정하고 이를 준수하도록 하고 있다. 이러한 원전 구조물의 엄격한 포스트텐셔닝 관리 기법에는 기타 프리스트레스트 콘크리트 구조물을 시공할 때에도 유용하게 참조할 수 있는 사항들이 많다.

2.7.3 원전 격납건물의 긴장력 유지관리

여기에서는 한국원자력안전기술원(2015) 및 U.S. NRC(1990a, 1990b)에 규정되어 있는 원전 비부착 텐던의 주기적인 가동중 건전성 검사 내용이 소개된다. 이 두 가지 기준은 기본적으로 유사하다.

(1) 개 요

가동중검사(ISI : In-service inspection) 계획의 작성 과정에서 모든 텐던은 부식 가능성이 거의 동일하고 전체적인 구조적 기능과 특성이 유사한 소그룹으로 분류하여야 한다. 따라서 각 격납건물에서 수직 텐던, 수평 텐던, 돔 텐던, 역U형 텐던별로 분리하여 검사계획을 수립하여야 한다. 가동중검사의 주요 평가 대상인 프리스트레스 손실량을 결정하기 위해 이러한 표본 추출 방법이 적용되며, 프리스트레스 손실이 크게 예상되는 텐던은 표본을 추출할 때 특별히 고려하여야 한다.

텐던의 긴장력은 그 긴장력을 측정하기 위하여 긴장시험(리프트오프 : lift-off) 방식의 유효긴장력 측정이나 이와 동등한 시험에 의해 평가될 수 있다. 이 측정의 또 다른 목적은 취성화, 손상 혹은 파단된 강선을 발견하는 데 있다. 3장에서 다룰 긴장력의 감소현상은 다음과 같은 시간종속 인자들의 상호작용에 의해 발생된다.

- 강연선의 응력이완(릴랙세이션)
- 강연선의 온도변화
- 콘크리트의 건조수축, 크리프 및 온도변형
- 콘크리트와 텐던 간의 부등 온도팽창이나 수축
- 부식에 의한 강연선의 단면감소나 파단

유효긴장력 측정에 의해서는 이러한 인자들의 개별적인 영향 정도를 분리할 수 없으며 주 관심 대상인 부식만의 영향도 분리할 수 없다. 따라서 부식 가능성을 포함한 긴장력 손실의 허용범위를 설정하여야 하며, 검사계획은 이 범위의 초과 여부를 결정하는 데 주안점을 두어야 한다. 그러나 가동중검사에서는 프리스트레싱 계통의 전반적인 열화만이 탐지될 수 있음을 주지하여야 한다. 수평 텐던 중 접근이 불가능한 텐던 정착부에 대해서는 특별한 계획이 제시되어야 한다.

(2) 가동중검사

텐던의 긴장력 평가를 포함한 가동중검사는 초기 구조건전성시험(SIT : Structural integrity test) 1, 3, 5년 후와 그 이후 5년마다 실시하여야 한다. 가동중검사를 수행할 때 프리스트레싱 정착부에 접근이 용이하도록 격납건물의 설계 및 시공이 이루어져야 한다. 그러나 동일 부지 내의 두 격납건물이 다음의 조건들을 만족하는 경우에는 긴장력 비교만을 실시할 수 있다.

- 격납건물의 형태 및 크기, 텐던계통, 설계, 건설재료 및 건설방법이 동일할 때
- 초기 구조건전성시험의 실시 기간이 2년 이내일 때
- 구조물과 텐던의 열화 잠재성에 차이가 발생할 요인이 없을 때

단, 이 경우에도 육안검사 및 그리스 채움재에 대한 검사를 지침에 따라 주기적으로 실시하여야 한다.

검사대상 선정 기준은 다음과 같다.

- 1, 3, 5년의 검사에서는 수직, 수평, 돔, 역U형 등 각 그룹에서 4%의 텐던을 무작위로 선정하되 각 그룹당 최소 4개 이상의 텐던을 선정하여야 한다. 그러나 각 그룹에서 텐던 수가 10개를 초과할 필요는 없다.
- 1, 3, 5년의 검사결과 포스트텐셔닝계통의 비정상적 열화현상이 발견되지 않은 경우, 그 이후의 검사에는 각 그룹의 2%나 5개의 텐던 중 작은 개수로 각 그룹당 3개 이상에 대해 검사를 실시할 수 있다.
- 선정 퍼센트에 의한 텐던 개수의 소수점 이하는 반올림한다.
- 검사대상 텐던은 각 검사주기에 대해 각 그룹에서 무작위로 선정하여야 한다. 그러나 검사이력을 유지하고 관찰값의 상관성을 도출하기 위하여 각 그룹당 한 개의 텐던은 초기 선정 후 관리용 텐던으로 유지하여야 한다.
- 발전소 운영조건으로 인하여 각 그룹으로부터 선정된 텐던을 계획된 검사기간에 검사할 수 없을 경우 그 그룹의 다른 텐던을 무작위로 선정하여야 한다. 선정 후 검사하지 못한 텐던은 다음의 발전소 계획정비 기간 중 검사하여 각 텐던별로 합격 여부를 판정하여야 한다.

• 상기의 관리용 텐던을 제외하고는 이전의 검사주기에서 문제점이 없는 것으로 판정된 텐던은 다음 주기의 검사대상에서 제외하여야 한다.

한편, 텐던과 관련된 육안검사 항목은 다음과 같다.

• 검사를 위해 선정된 모든 텐던의 정착용 부품을 육안으로 검사하여야 한다. 육안검사만 수행되는 경우에는 선정된 텐던에 대해 정착부의 하중전달 부품들을 분해하거나 그리스 캡을 제거하지 않은 상태에서 가능한 모든 육안검사를 실시해야 한다.
• 그리스의 누출이나 캡의 변형을 탐지하기 위하여 모든 수직 텐던의 하부 그리스 캡을 육안으로 검사하여야 한다. 이때 캡을 제거할 필요는 없다.
• 육안검사 대상인 텐던 정착부 주변의 콘크리트에 대해 비정상적인 재료 거동 유무를 점검하여야 한다.

검사를 위해 선정된 텐던은 리프트오프나 이에 대응되는 시험을 실시하여야 한다. 추가로 다음 사항이 시험에 포함되어야 한다.

• 각 검사 주기 중 각 그룹에서 무작위로 선정된 하나의 텐던은 강선 또는 강연선의 파단이나 손상 여부를 평가하기 위하여 긴장력을 제거한다.
• 재긴장할 때에는 신장량과 잭 인장력을 동시에 측정하고 이러한 측정은 무하중에서 최종하중까지 동일한 간격으로 최소 3단계에 거쳐 실시하여야 한다.

텐던의 재료시험 및 검사는 다음 절차를 따른다.

• 부식의 흔적이나 기타 유해한 요인의 발생 여부를 검사하기 위하여 각 그룹의 한 텐던으로부터 한 개의 강연선을 추출하여 전 길이에 대해 시험 및 검사를 수행한다. 각 검사주기별로 서로 다른 텐던에서 추출하여야 하며, 긴장력이 제거되는 텐던을 이용할 수도 있다. 또한 파단된 모든 강선 및 강연선은 인장시험과 육안검사를 위해 인출하여야 한다.
• 인출된 강선 또는 강연선의 양단과 중앙 부위가 포함된 최소 세 개의 시편을 이용하여 인장시험을 수행하여야 한다. 시험시편은 ASTM의 요건에 따라 인장시험과 신장량 측정을 위한 최소 길이를 확보하여야 한다. 각 시험결과로 항복상도, 극한인장강도에서 신장량을 구해야 한다.

한편, 각 검사 대상 텐던으로부터 그리스 시료를 추출하여 다음 시험 방법에 따라 분석을 실시하여야 한다.

- 수분 함유량 : ASTM D95
- 알칼리도 : ASTM D974
- 수용성 염화물 : ASTM D512
- 질산염 : ASTM D3867
- 황화물 : APHA 428

또한 그리스의 추출량과 재주입량을 비교하여 구조물 내에서 그리스 누출을 평가하여야 한다.

(3) 검사 결과의 평가

① 측정된 각 텐던의 프리스트레싱 힘 크기는 검사 시점에서 예측된 한계값과 비교 평가하여야 한다.

- 각 그룹에서 선정된 텐던의 프리스트레싱 힘 측정값이 예측 하한값 이상일 경우 검사결과가 만족되는 것으로 평가한다.
- 측정값이 예측 하한값의 90~95%일 경우에는 추가로 인접한 두 개의 텐던에 대해 프리스트레싱 힘의 크기를 측정하여야 한다. 상기의 두 번째, 세 번째 텐던의 프리스트레싱 힘의 크기가 각각 예측 하한값의 95% 이상일 경우 만족되는 것으로 평가한다.
- 상기의 두 개의 인접 텐던에 대한 추가적인 측정값 중 예측 하한값의 95% 미만인 값이 발생할 경우에는 그 원인과 범위를 파악하기 위하여 추가적인 유효긴장력 측정을 실시하고 규제기관에 보고하여야 한다.
- 측정값이 예측 하한값의 90% 미만일 경우에는 이러한 결함이 있는 텐던을 완전하게 조사하여 결함 범위와 발생 원인을 파악한 후 규제기관에 보고하여야 한다.
- 각 그룹에 대해서 측정값의 평균이 각 그룹의 정착부에 대해 기술시방서에서 요구하는 최소 프리스트레스 수준에 미달할 경우에는 이를 규제기관에 보고하여야 한다.

• 연속되는 검사주기에서 한 그룹의 동일 텐던에서 프리스트레싱 힘 측정값이 손실량 예측보다 더 큰 손실 경향을 보이거나 다음 검사주기까지 그룹마다 요구되는 최소값보다 작은 값으로 측정되는 경우 원인을 파악하고 그 범위를 결정하기 위하여 추가적인 긴장시험을 실시하여야 하며, 이를 규제기관에 보고하여야 한다.

② 긴장력 제거 및 재긴장을 실시할 때 특정하중에서 신장량이 텐던을 설치할 때 기록된 값과 10% 이상 차이가 발생할 경우 그 원인이 강선의 파손이나 정착부에서 강선들의 미끄러짐에 의한 것이 아님을 입증하는 조사가 이루어져야 하며, 이를 규제기관에 보고하여야 한다.

③ 텐던 시편에 대한 인장시험에서 강도와 신장률이 요구되는 최소요건을 만족하지 못한 상태에서 파괴가 발생되는 경우 이를 규제기관에 보고하여야 한다. 강선이나 강연선의 육안검사에서 부식의 징후가 발견되는 경우에도 이를 규제기관에 보고하여야 한다.

④ 그리스 채움재 시료에 대해 규제기관에 보고하여야 할 경우는 다음과 같다.

• 수분 함유량 : 중량의 10% 초과한 경우
• 수용성 염화물 : 10 ppm 초과한 경우
• 질산염 : 10 ppm 초과한 경우
• 황화물 : 10 ppm 초과한 경우
• 알칼리도 : 설정된 값의 50% 미만인 경우
• 정상압력으로 주입한 그리스의 재주입량이 덕트 순체적을 5% 초과한 경우
• 격납건물 외부 표면의 육안검사에서 그리스의 누출이 확인된 경우
• 자유수의 존재가 확인된 경우

(4) 프리스트레스 장기손실을 고려한 긴장력 관리 및 재긴장

시간에 따른 프리스트레스의 장기손실에 영향을 미치는 요인에는 콘크리트의 건조수축 및 크리프, 긴장재의 릴랙세이션 등이 있다. U.S. NRC 1990 기준(1990b)에는 이러한 프리스트레스의 장기적 손실을 고려한 긴장력 관리기준이 다음과 같이 제시되어 있다. 이에 따르면 텐던의 그룹이나 하위 그룹에 대한 프리스트레싱 힘의 허용범위를 설정하여 검사 시점에서 예상되는 값과 실제 프리스트레싱 힘의 측정값을 최소 40년 동안 비교해 보아야 한다. 이러한 검사 기간은 원자력 발전소의 설계 수명에 따라 더 늘어날 수도 있다. 긴장력의 시간에 따른 변화에 영향을 미치는 각

요인들은 변동성이 있으므로 허용범위를 선정할 때 이러한 변동성을 고려하기 위하여 다음과 같은 방법이 추천된다.

① 건조수축 : U.S. NRC 1990 기준(1990b)에는 구조물 위치의 습도에 따른 40년 동안의 건조수축 변형률이 제시되어 있다. 가정된 값에 대한 불확실성을 고려하기 위해 변형률은 ±20%까지 변동될 수 있다고 본다. 긴장 시점과 40년 시점 사이의 임의 시점에서 건조수축 변형률은 로그 형태로 나타낸 시간축에서 선형적으로 변화한다고 가정하고 구할 수 있다.

② 크리프 : U.S. NRC 1990 기준(1990b)에는 긴장 후 임의 시점에서 크리프 변형률을 구하는 방법이 제시되어 있다. 크리프 변형률의 최대값 및 최소값은 계산된 크리프 변형률을 25% 증가시키거나 15% 감소시켜서 구할 수 있다.

③ 릴랙세이션 : 1000시간 릴랙세이션 시험값을 외삽하여 구한 릴랙세이션 값에 대해 ±15%의 변동성을 고려하도록 한다.

첫 번째 가동중검사는 초기 구조건전성시험 1년 후에 실시하므로 실제적인 검사기간은 긴장 후 1~40년이다. 1년 및 40년 시점에서 프리스트레싱 힘의 상한값과 하한값은 각 요인에 의한 프리스트레스 손실의 최대값과 최소값을 구하여 합산하고 이를 프리스트레싱 힘에서 감하여 구할 수 있다. 여러 가지 텐던 그룹의 프리스트레싱 힘 허용범위를 나타내기 위해 로그 형태로 나타낸 시간축에서 프리스트레싱 힘이 선형적으로 변한다고 가정해도 무방하다. 프리스트레싱 힘의 상한값은 구조안전성 측면에서 중요한 것은 아니지만 이러한 상한값은 설계자가 최대의 변동폭을 염두에 두고 만약 측정된 프리스트레싱 힘이 이러한 상한값보다 더 클 경우 측정방법의 문제점이나 주변 텐던의 손실 경향에 대해 조사해 보도록 유도할 수 있다.

그림 2.19는 시간 경과에 따라 장기손실 등에 의해 감소하는 긴장력을 40년간 예측한 예를 보여주고 있으며, 앞서 언급한 대로 상한값과 하한값을 고려한 허용범위가 함께 표기되어 있다. 이처럼 감소된 유효프리스트레스가 소정의 관리값 이하가 되면 비부착 긴장재의 경우에는 재긴장을 통해 프리스트레스를 회복시켜야 한다.

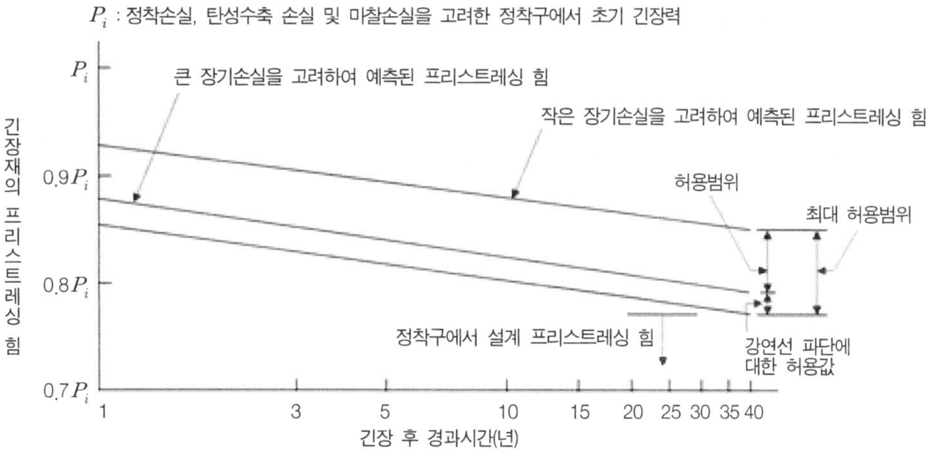

그림 2.19 **원전 격납건물의 긴장력 관리기법(U.S. NRC, 1990b)**

2.8 개선된 비부착 텐던 시스템

2.8.1 개 요

2.7절에서 언급한 바와 같이 국내의 기존 원자력 발전소 격납건물은 피복되지 않은 일반적인 강연선들을 쉬스에 삽입하고 그리스로 충전하는 통상적인 비부착 텐던 시스템을 사용하여 왔다. 이는 해외의 원전에서도 통용되어 왔던 방식이다.

하지만 최근 러시아의 LAES-2 원자력 발전소 격납건물 등에서는 그림 2.20과 같이 새로운 형식의 비부착 텐던 시스템을 시도한 바 있으며 그 활용이 점점 더 늘어가고 있는 추세이다. 이는 기존에 건축 분야에서 빈번히 사용되어 왔던 단일 비부착 강연선 시스템을 확장한 것으로 볼 수 있다. 즉 건축 분야에서는 단일 강연선에 그리스를 도포하고 폴리에틸렌 성분으로 피복하는 압출성형 방식이 선호되어 왔는데, 원전의 새로운 비부착 텐던 시스템은 이러한 건축 분야의 단일 피복강연선을 쉬스 내에 다수 배치하고 추가로 그라우팅을 실시하는 방식이다. 이러한 방식에서는 그라우트가 경화되어도 비부착을 유지한 상태에서 긴장 작업을 실시할 수 있으며 마찰 손실도 기존 시스템보다 작으므로 효율적이다. 폴리에틸렌은 각 강연선의 개별 쉬스 역할을 하지만 피복으로 표현될 때가 많다.

이러한 시스템의 가장 큰 장점은 개별 강연선이 폴리에틸렌으로 둘러싸여 있으므로 강연선이 부식되지 않아 쉬스에 미리 삽입한 상태로 긴장 직전까지 장기간 유지할 수 있어서 공정면에서 유리하고 공사기간 단축이 가능하다는 점이다. 기존 원전의 비부착 텐던 시스템에서는 공기 중에 노출된 강연선들이 부식될 우려가 있으므로 강연선들을 미리 삽입해 놓지 못하고 긴장 작업 전 규정된 시일 내에 삽입해야 하는 비효율성이 있었다. 이러한 새로운 원전 비부착 텐던 시스템은 현재 국내에서도 큰 관심을 가지고 도입을 위해 연구중이다.

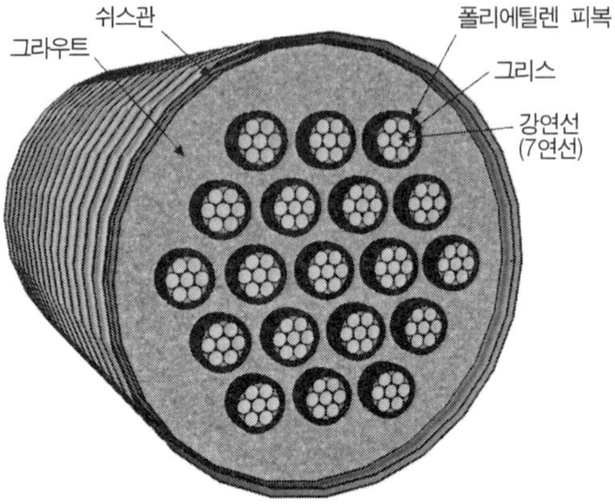

(a) 쉬스 내에 배치된 다발 강연선

(b) 그리스가 도포되고 폴리에틸렌으로 피복된 개별 강연선

그림 2.20 **원전의 개선된 비부착 텐던 시스템**

2.8.2 실증 시험

그림 2.21은 새로운 포스트텐션 시스템을 적용하기 전에 검증을 위해 2007~2009년에 프랑스에서 실시한 실증 시험을 보여주고 있다(Domage et al., 2010 및 2013). 이는 EPR 형식의 원전 격납건물 벽체의 일부 높이를 실제 크기대로 모사한 것이다. 시험체의 내경은 48 m, 높이는 2.75 m, 벽체 두께는 0.7 m이다. 시험체에 배치된 총 10 개의 쉬스 중에서 7 개의 쉬스는 일반적인 벽체 원환 텐던을 모사하기 위한 것이었으며, 3 개의 쉬스는 장비 반입구 주변에서 원환 텐던 쉬스의 각 변화가 매우 큰 경우로 4.6 m의 높이 차이를 모사하였다.

이 시험에서는 서로 다른 정착부, 덕트 및 강연선을 사용한 몇 종류의 텐던이 적용되어 비교되었다. 15.2 mm 또는 15.7 mm 직경을 가진 최대 158 m 길이의 37 개 또는 55 개의 강연선을 130 mm, 160 mm, 200 mm 직경의 강재 쉬스에 삽입할 때의 작업성을 검토하였으며, 특히 쉬스의 각 변화가 큰 경우에 대해 중점적으로 검토하였다. 이처럼 텐던 삽입 및 긴장 작업과 관련하여 여러 가지 시험이 실시되었으며, 긴장 중 강연선과 쉬스 사이의 마찰계수 등 마찰 발생 경향이나 한 쉬스 내 강연선들의 긴장력 차이 등도 비교되었다. 한편, 각 변화가 큰 쉬스에 대량의 그라우트가 고속으로 주입될 때의 충전성이나 작업성도 검토되었다.

그림 2.21 **원전 격납건물의 실증 시험**(Domage et al., 2013)

2.8.3 LAES-2 원전

그림 2.22는 이러한 신형식 비부착 텐던 시스템이 적용된 러시아 LAES-2 원전 격납건물의 시공 장면을 보여주고 있다(VSL, 2012). 2중 격납구조 중 내부 격납건물 벽체의 시공과정이며, 원환 텐던을 위한 쉬스들이 배치되어 있는 상황을 볼 수 있다. 이 격납건물에는 수직 텐던 50개가 역U형으로 배치된 쉬스에 삽입되어 있고, 벽체 및 돔에는 각각 원환 텐던이 63개 및 13개 배치되었다. 각 쉬스마다 15.2 mm 직경의 강연선이 55개 삽입되어 하나의 텐던을 구성하였다.

그림 2.22 LAES-2 원전의 시공(VSL, 2012)

참고문헌

1) 기술표준원, PC 강선 및 PC 강연선 KS D 7002 : 2011, 기술표준원 고시 제 2011-0042호, 한국표준협회, 2011.
2) 한국원자력안전기술원, KINS/RG-N04.07 : 비부착식 텐돈이 설치되는 프리스트레스트 콘크리트 격납건물의 가동중 검사, 한국원자력안전기술원, 2015.
3) www.architectoid.blogspot.kr
4) www.materialperformance.com
5) www.otbcontracting.com
6) www.wefixpt.com
7) ACI Committee 318, Building Code Requirements for Reinforced Concrete (ACI 318-63), American Concrete Institute, 1963.
8) ACI Committee 318, Building Code Requirements for Reinforced Concrete (ACI 318-71), American Concrete Institute, 1971.
9) ACI Committee 318, Building Code Requirements for Reinforced Concrete (ACI 318-83), American Concrete Institute, 1983.
10) ACI Committee 318, Building Code Requirements for Reinforced Concrete (ACI 318-89) and Commentary (ACI 318R-89), American Concrete Institute, 1989.
11) ACI Committee 318, Building Code Requirements for Structural Concrete (ACI 318-14) and Commentary, American Concrete Institute, USA, 2014.
12) ACI-ASCE Committee 423, Report on Corrosion and Repair of Unbonded Single Strand Tendons (ACI 423.4R-14), American Concrete Institute, 2014.
13) ACI-ASCE Committee 423, Specification for Unbonded Single-Strand Tendon Materials (ACI 423.7-14), American Concrete Institute, 2014.
14) ACI-ASCE Joint Committee 323, "Tentative Recommendations for Prestressed Concrete", Journal Proceedings, American Concrete Institute, Vol. 54, No. 1, 1958, pp.545~578.
15) ASTM, Standard Practice for Operating Salt Spray (Fog) Apparatus (ASTM B117-16), American Society for Testing and Materials, 2016.
16) ASTM, Standard Specification for Seamless Cold-Drawn Carbon Steel Tubing for Hydraulic System Service (ASTM A822/A822M-04), American Society for Testing and Materials, 2004.

17) British Standards Institution, Eurocode 2-Design of Concrete Structures, British Standards Institution, UK, 2004.

18) Domage, J. B., Elias, S., Laurens, J. M., "State of the Art Post-Tensioning for Nuclear Containments", Proceedings of 3rd fib International Congress, USA, 2010.

19) Domage, J. B., Ruffray, N., Elias, S., "Full Scale Post-Tensioning Mock-Up to Illustrate New Technologies for Nuclear Containments", Technical Innovation in Nuclear Civil Engineering-TINCE 2013, France, 2013.

20) Nehil, T. E., "Rehabilitating Parking Structures with Corrosion-Damaged Button-Headed Post-Tensioning Tendons," Concrete International, Vol. 13, No. 10, 1991, pp.66-73.

21) Post-Tension Committee, Post-Tensioning Manual, Precast/Prestressed Concrete Institute, 1972.

22) PTI, Specifications for Unbonded Single Strand Tendons, Post-Tensioning Institute, 1985.

23) PTI, Field Procedures Manual for Unbonded Single Strand Tendons (PTI M10.3-00), Post-Tensioning Institute, USA, 2000.

24) PTI, Specifications for Unbonded Single Strand Tendons (PTI M10.2-00), Post-Tensioning Institute, 2000, 36 pp.

25) U.S. NRC, Determining Prestressing Forces for Inspection of Prestressed Concrete Containments (Regulatory Guide 1.35.1 (Task SC 807-4)), Regulatory Guide, U.S. Nuclear Regulatory Commission, Washington, D.C., USA, 1990b.

26) U.S. NRC, Inservice Inspection of Ungrouted Tendons in Prestressed Concrete Containments (Regulatory Guide 1.35 (Task SC 810-4)) (Revision 3), Regulatory Guide, U.S. Nuclear Regulatory Commission, USA, 1990a.

27) VSL, Post-Tensioning for the LAES-2 Project-Power for Russia, VSL News Magazine, No. 2-2012, VSL, Switzerland, 2012.

제3장 프리스트레스 손실 산정

3.1 비부착 텐던의 프리스트레스 손실 경험값

경우에 따라 프리스트레스 손실에 대한 상세한 계산 대신 간단한 경험값의 사용이 적합할 수 있다. 프리텐션 콘크리트 시스템과 포스트텐션 콘크리트 시스템의 프리스트레스 손실 경험값은 다르게 제시되나 포스트텐션 시스템 중 비부착식 시스템과 부착식 시스템의 경험값은 대개 구별하지 않고 사용한다. 이 절에서는 비부착 텐던의 프리스트레스 손실 관련 과거 기준 및 문헌의 경험값을 요약하고, 이의 설계 적용에 대하여 논의한다.

과거 미국의 공공도로국이었던 Federal Highway Administration에서 발행한 프리스트레스트 콘크리트 교량에 대한 설계 기준(1954)에서는 크리프, 릴랙세이션, 건조수축, 탄성변형에 의한 손실을 같은 식으로 계산하고 있다.

$$\triangle f_{pLT} = 20.7 + 11 f_{cpf} + 0.04 f_{pi} \tag{3.1}$$

여기서,

$\triangle f_{pLT}$: 포스트텐션 콘크리트 시스템의 프리스트레스 손실 경험값

f_{cpf} : 포스트텐션과 모든 작용하중에 의한 포스트텐션 힘의 중심에서의 콘크리트 응력

f_{pi} : 프리스트레스 도입 직후의 긴장재 응력

기준을 정할 때 정착효율은 정착손실이 없는 100%로 가정하였으며, 이는 보통 중량 콘크리트에만 적용이 가능하다. 프리스트레스 손실량은 경량 콘크리트를 이용한 시험을 통해 결정하였다. 식 (3.1)에서 첫째 항은 건조수축 손실을, 둘째 항은 탄성수축과 크리프에 의한 손실을, 그리고 셋째 항은 강재 릴랙세이션에 의한 손실을 나타낸다. 포스트텐션 콘크리트는 콘크리트 경화 후 가해지는 긴장재의 압축력에 의해 부재의 수축이 정착과 거의 동시에 발생하므로 탄성수축은 무시되었다. 1950년대 초에는 프리스트레스트 콘크리트에 저강도의 콘크리트 및 철근만 사용할 수 있었다. 설계값으로 사용되는 f_{cpf}는 대략 9 MPa이었고, f_{pi}는 최대 1,380 MPa이었다. 이러한 f_{cpf} 및 f_{pi}의 경험값을 상기 기준에 적용하면 손실은 약 175 MPa이다.

ACI 318-63의 29장에는 프리스트레스 손실을 평가하기 위한 요구사항이 기재되어 있다. ACI 318-63 해설은 ACI-ASCE 323 위원회 보고서(1958)를 기반으로 하였으며, 표 3.1에 나타난 바와 같이 마찰과 정착손실을 제외한 프리스트레스 손실 경험값으로 172 MPa을 권장하고 있다. ACI-ASCE 323 위원회 보고서(1958)에서 Paul William Abeles는 설계자가 특정 조건에 대한 손실을 평가함에 따라 경험값 172 MPa이 감소되거나 증가될 수 있다고 주장하였다. 그는 경험값의 범위를 138~207 MPa로 제안하였다. 마찬가지로 Precast/Prestressed Concrete Institute(PCI)는 프리스트레스트 콘크리트 구조기준(Structural Engineers Association of Northern California, 1959)을 발행하였고, 긴장재의 마찰 손실을 제외한 프리스트레스 손실을 추정하기 위한 경험값을 103~172 MPa로 정하고 있다. Eurocode 2(2004)에서는 각 국가의 기준을 따르게 되어 있지만, 값이 제시되어 있지 않은 경우에는 경험값을 100 MPa로 권장하고 있다.

표 3.1 **기준 및 지침에 따른 프리스트레스 손실 경험값**

기준 및 지침	프리스트레스 손실 경험값, MPa
ACI 318-63(1963)	172
ACI-ASCE 323 위원회 보고서(1958)	138~207
PCI 프리스트레스트 콘크리트 구조기준(1959)	103~172

표 3.2 도로교설계기준에 따른 프리스트레스 손실 경험값

긴장재의 종류	$f_{ck}=28$ MPa에 대한 경험값, MPa	$f_{ck}=35$ MPa에 대한 경험값, MPa
비부착 PS 강선과 강연선	225	230
비부착 PS 강봉	155	160

표 3.3 철도설계기준에 따른 프리스트레스 손실 경험값

긴장재의 종류	$f_{ck}=28$ MPa에 대한 경험값, MPa	$f_{ck}=35$ MPa에 대한 경험값, MPa
비부착 응력 제거 PS 강연선	225	231
비부착 저릴랙세이션 PS 강연선	168	175
비부착 PS 강봉	155	160

ACI 318-83 해설에서 특정 경험값의 권장 내용은 "1983년도 전에 제시된 프리텐션 및 포스트텐션 부재에 대한 프리스트레스 손실의 경험값은 사용되지 않는 것으로 간주한다."라는 문구로 대체되었다. 이 해설에서는 프리스트레스 손실을 계산하기 위한 방법으로 ACI 323(1958), ACI 435(2003), PCI(1975), Zia et al.(1979) 등의 참고문헌이 제시되었다. ACI 318(2014)의 경우 역시 경험값의 사용을 명시적으로 금지한 것은 아니지만 경험값을 사용하지 않는 것으로 간주한다고 해설에서 분명히 밝히고 있다.

한편 콘크리트구조기준(2012)에서는 ACI 318(2014)과 마찬가지로 프리스트레스 손실의 원인을 구분하여 산정할 것을 명시하고 있으며, 경험값은 제시하고 있지 않다. 반면 도로교설계기준(2015)과 철도교설계기준(2013)의 경우 프리텐션 시스템과 포스트텐션 부재를 구분하여 경험값을 산정하는 것을 원칙으로 하되 궁극적으로 복삽한 구조물의 경우 프리스트레스 손실의 원인을 각각 고려하여 산정하도록 명시하고 있다. 표 3.2와 표 3.3에서는 콘크리트 압축강도에 따른 도로교설계기준(2015)과 철도설계기준(2013)의 프리스트레스 손실 경험값이 각각 나타나 있다.

3.1.1 경험값 관련 산업 실무

Post-Tensioning Institute에서 발간한 포스트텐션 매뉴얼(Post-Tensioning Manual ; PTI, 2006)의 4.4.2절을 포함하여 포스트텐션 매뉴얼 곳곳에서 장기손실과 구체적인

마찰손실에 대한 내용이 제시되어 있다. 포스트텐션 매뉴얼(PTI, 2006)은 Zia et al.(1979)의 논문을 참고하고 있으며, "총 장기손실에 대한 평가의 100% 분산은 일반적으로 PS 긴장재의 공칭강도 10% 미만으로 발생한다."고 언급하고 있다. 이는 비부착식 텐던의 프리스트레스 손실의 정확한 판정이 설계에 있어 중요한 것은 아니라는 사실을 반영한다. Kelley(2000)는 긴장할 때의 텐던 응력은 일반적으로 $0.8f_{pu}$로 가정하며, 정착 후의 평균 텐던 응력은 $0.7f_{pu}$로 가정한다고 하였다. 예를 들면, 1,860 MPa 저릴랙세이션 강연선의 응력은 1,490 MPa이며, 정착 후 평균 응력은 1,210 MPa이다. 이 텐던의 총 프리스트레스 손실은 282 MPa 또는 초기 긴장응력의 19%이며, 이는 직경 12.7 mm 단일 비부착 강연선에 대해 약 120,000 N의 최종 유효 프리스트레스 힘을 가지게 한다.

1970년대에 저릴랙세이션 강연선이 보편화되기 전까지 응력제거 강연선은 릴랙세이션에 의한 손실이 더 컸다. 보편화 이전에는 총 프리스트레스 손실을 359~393 MPa의 경험값으로 산정하여 강연선마다 약 106,800~111,200 N의 최종 유효 프리스트레스 힘을 가지는 것으로 가정하였다.

PCI Design Handbook(PCI, 2010)에 의하면 과대평가 또는 과소평가된 프리스트레스 손실은 캠버, 처짐, 균열과 같은 사용성 상태에 영향을 미칠 수 있다는 내용이 포함되어 있다. 이 지침에서는 일반적인 콘크리트 구성요소에 대한 총 프리스트레스 손실과 관련하여 다음을 제시하였다.

1) 보통 중량 콘크리트 : 172~345 MPa(12~25%)
2) 모래 경량 콘크리트 : 207~379 MPa(15~27%)

이 값들은 일반적인 구성요소에 대한 총 프리스트레스 손실 경험값을 나타내며, 괄호 안의 값은 $0.75f_{pu}$로 가정된 초기 긴장력에 대한 손실비율이다. 보다 자세한 프리스트레스 손실 산정에 대해서는 Zia et al.(1979)의 논문을 참고하도록 언급되어 있다.

3.1.2 측정 손실

프리스트레스 도입부터 측정이 끝날 때까지의 콘크리트 변형률을 판단해야 하는데, 프리스트레스 손실의 실제 측정은 현장에서 쉽지 않다. 온도 변화, 콘크리트 및 주변 환경 노출에 의한 내구성 문제 때문에 일반적인 부착 전기저항 게이지의 사용을 피하는 것이 좋다. 대안으로 콘크리트 표면에 부착 또는 콘크리트에 묻히는 경강선 스트레인 게이지나 기계적 게이지를 사용하여 손실을 간접적으로 측정해 왔다. 이는 지점 간의 평균 콘크리트 변형률을 산출하여 시간에 따른 콘크리트 변형률의 변화를 추적하는 방법이다. 이러한 방법은 부착식 텐던에 비하여 비부착식 텐던에서 오차가 클 수 있다. 최근에는 한국건설기술연구원에서 개발한 스마트 강연선을 플라스틱 또는 강재 쉬스에 삽입하여 직접적으로 텐던 응력 및 프리스트레스 손실을 측정하는 방법이 도입되고 있다(한국건설기술연구원, 2014).

일반적으로 강재 변형률은 초기긴장에 의한 값으로부터 추정하는 반면, 측정된 변형률은 강재 변형률의 변화에 따른 강재응력의 변화를 계산하기 위해 사용된다. 변형률로 응력을 계산하기 위해서는 PS 긴장재의 탄성계수 E_{ps}를 알아야 한다. 단일 강선이나 강봉의 E_{ps}를 결정하는 것은 비교적 간단하지만, 7연선 강연선의 E_{ps}를 정확하고 정밀하게 측정하기는 쉽지 않다. 게다가 변형률 측정 방법으로는 릴랙세이션에 의한 시간 종속적 장기손실을 측정할 수 없다. 저릴랙세이션 강연선에서 릴랙세이션에 의한 손실은 일반적으로 다른 시간 종속적 손실에 비해 적다. 릴랙세이션에 더 민감한 다른 재료들은 로드셀이 요구되는데, 이는 실용적 대안이라 할 수 없다. 변형률을 측정하여 응력을 간접적으로 예측하는 방법에 대한 대안으로서 앞서 언급한 스마트 강연선을 통한 직접적 계측이 향후 적극적으로 활용될 수 있을 것이다. 실제로 현재 서울시 강동구에 소재한 비부착식 포스트텐션 콘크리트 고층건물의 바닥판 안에 설치된 스마트 강연선에 대한 계측이 서울대 연구팀에 의해 1 년 넘게 이어져 오고 있다. 긴장 후 1.5 년이 되는 시점임에도 즉시손실 외에 장기손실이 지속적으로 측정되고 있다.

어떠한 계측 방법이 사용되던지 측정된 값은 측정 시작부터 종료까지 프리스트레스 손실과 일치한다. 궁극적인 장기손실 값은 측정시간의 한계로 인해 실질적으로 측정하기가 쉽지 않다. 장기손실은 일반적으로 프리스트레스 도입 후 초반 6 개월 동안 대부분 발생한다고 알려져 있다. 결과적으로 6 개월 이상 2 년 이내의 비교적 단기동안 측정된 손실은 궁극적인 장기손실에 관한 유용한 정보를 제공할 것이다. 이러한 측정기술은 계측장비를 프리스트레스 도입 전에 설치한 후 모니터링 기간 동안 정기적인 계측을 요한다. 사전에 계측장비가 설치되지 않은 사용 중 보나 거더에 대해서는 하중에 의한 균열 열림의 측정이 유효 프리스트레스 응력을 산정하는 데 사용될 수 있다. 이는 경강선 또는 기계적 게이지만큼 정확하거나 신뢰할 수는 없지만 특별한 대안이 없을 때 유효 프리스트레스 응력을 예측하는 방법으로 쓰인다.

3.2 프리스트레스 단기손실

3.2.1 개요

이 절에서는 비부착 텐던의 프리스트레스 단기손실을 다룬다. 단기손실은 초기손실 또는 즉시손실이라고도 한다. 이러한 손실은 긴장할 때 발생하는 마찰에 의한 손실, 정착장치의 활동에 의한 손실 및 탄성수축에 의한 손실로 나눌 수 있다. 정착장치의 활동에 의한 손실은 긴장재가 쐐기에 물릴 때 발생하는 쐐기의 미끄러짐에 의한 손실로서 정착손실로도 불리운다. 만약 필요할 경우 고정하중과 같은 외력에 의한 프리스트레스 응력의 변화도 단기손실 계산에 함께 고려될 수 있다.

마찰손실에서는 곡률 및 파상에 의한 마찰의 개념이 소개된다. 현장에서 긴장 작업을 할 때 발생하는 마찰손실 및 정착손실은 포스트텐션 전문업체가 관리해야 한다. 포스트텐션 전문업체들은 손실의 원인 및 크기에 대해 이해하고 있어야 하며, 초기 긴장 작업을 수행하는 동안 필요하다면 현장에서 그러한 손실을 보정해 줄 수 있어야 한다. 마찰손실 및 정착손실은 쉬스 및 쐐기가 사용되지 않는 프리텐션 부재에서는 발생하지 않지만, 포스트텐션 부재에서는 텐던의 길이에 따라 그러한 손실값이 과할 수 있으므로 그 크기를 정확히 산정해야 한다. 3.2절에서는 부착 및 비부착, 단일 및 다중 강연선 사용 여부가 이러한 손실에 미치는 영향이 소개되어 있다. 여러 가지 덕트나 긴장재 종류에 대해 권장되는 곡률 마찰계수 및 파상 마찰계수도 제시되어 있다. 또한 강연선의 쐐기형 정착구 또는 강봉의 너트형 정착구에서 발생하는 정착손실에 대해서도 논의되어 있다.

한편, 프리스트레스트 콘크리트 부재의 탄성변형, 즉 탄성수축에 의해 발생하는 프리스트레스 응력의 변화도 살펴볼 것이다. 이러한 논의는 콘크리트, 철근 및 긴장재가 선형탄성 재료거동을 보이는 경우에 국한되며, 설계기준에 명시된 긴장재 및 콘크리트의 허용응력을 만족하도록 부재가 설계되는 경우 이러한 가정에 부합한다고 볼 수 있다.

이러한 단기손실은 부착식 텐던의 경우에도 덕트 내부가 그라우팅되어 긴장재와 덕트가 그라우트를 통해 일체화되기 이전에 발생하므로 단기손실을 계산할 때 부착에 따른 특징이 반영되지 않는다고 볼 수 있다.

3.2.2 프리스트레스 단기손실

포스트텐셔닝 텐던의 초기손실은 마찰, 정착장치의 활동 및 탄성수축에 의해 발생한다. 포스트텐셔닝용 텐던 재료에는 여러 가지가 있지만 여기서는 가장 널리 사용되는 강연선만을 다룬다. 긴장 순서는 모든 텐던들의 단기손실에 영향을 미친다.

일반적으로 건축 분야에서 주로 사용되는 단일 비부착 텐던은 그리스와 같은 윤활 코팅제가 도포된 후 고밀도폴리에틸렌으로 피복되는 압출성형 방식으로 제작된다. 포스트텐셔닝용 코팅제는 윤활작용을 통해 강연선이 쉬스 내부에서 자유롭게 움직일 수 있도록 함으로써 마찰을 경감시킨다. 이러한 단일 강연선은 단일 강연선용 잭(모노잭)에 의해 긴장되며 신장량은 정착장치 활동 후 또는 긴장용 잭이 텐던으로부터 제거된 후 측정된다.

다중 강연선은 강재나 플라스틱 덕트 또는 쉬스 안에 배치된 여러 개의 강연선으로 구성된다. 이러한 다중 강연선은 일반적으로 표면이 노출된 강연선을 사용하지만, 2장에서 소개된 바와 같이 최근에는 앞서 언급한 고밀도폴리에틸렌으로 피복된 단일 비부착 강연선을 다발로 사용하여 다중 강연선을 구성하는 경우도 있다. 이러한 강연선들은 보통 센터홀 다중 강연선용 잭으로 긴장되며, 신장량은 정착장치 활동 이전에 측정된다. 다중 강연선은 일반적으로 긴장 및 신장량 측정 후 시멘트계의 그라우트로 그라우팅되는 경우가 많으며 이 경우 부착 텐던으로 분류된다.

강봉은 일반적으로 강재 또는 플라스틱 덕트 안에 1개가 배치된다. 이러한 강봉은 커플러 또는 풀링바(pulling bar)를 이용한 강봉 잭으로 긴장된다. 신장량은 일반적으로 정착장치 활동 후 또는 리프트오프 시험에 의한 긴장력 확인 후 측정되며,

강봉은 긴장 후 그라우팅된다.

3.2.3 마찰손실

긴장재를 긴장하는 동안 프리스트레스 응력은 긴장단에서 최대 값으로부터 고정단에서 최소 값으로 감소한다. 이러한 감소는 긴장재와 쉬스 사이의 마찰손실에 의한 것으로 곡선 형태의 쉬스와 같이 의도된 텐던의 곡률 및 파상이라고 불리는 의도되지 않은 굴곡에 의해 발생한다. 긴장력이 목표값에 다다르면 텐던을 이완시켜 긴장단에 정착하게 된다. 텐던은 대부분의 경우 나사산이 있는 쐐기를 이용하여 정착시키게 된다. 즉 강연선이 이완되면 후퇴하면서 쐐기를 앵커헤드 또는 쐐기판의 원뿔형 구멍으로 끌고 들어가면서 고정되게 된다. 따라서 긴장할 때 단기손실이 발생하는 두 가지 요인이 있으며, 이는 마찰 및 정착장치의 활동에 의한 것이다. 후자의 경우 3.2.4절에서 자세히 다루어진다. 한 단에서 긴장된 텐던에서 정착장치의 활동이 발생한 직후의 최종 응력도는 그림 3.1과 같다. f_{pj}와 $f_{p,l}$ 사이의 곡선의 기울기 g_p는 평균 마찰의 크기를 의미한다. f_{pj}, f_{pa} 및 $f_{p,\max}$로 둘러싸인 삼각형의 면적을 강연선 탄성계수 E_{ps}로 나누면 정착장치의 활동에 의한 신장량 손실을 계산할 수 있다. f_{pa}, $f_{p,\max}$ 및 $f_{p,L}$로 구획지어지는 곡선은 정착장치 활동 후 텐

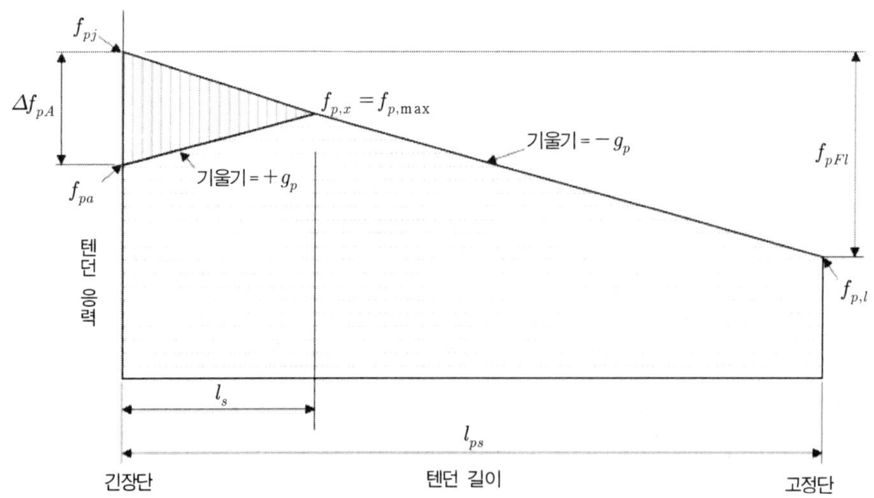

그림 3.1 **일단 긴장할 때와 정착장치 활동 후 텐던의 응력 분포**

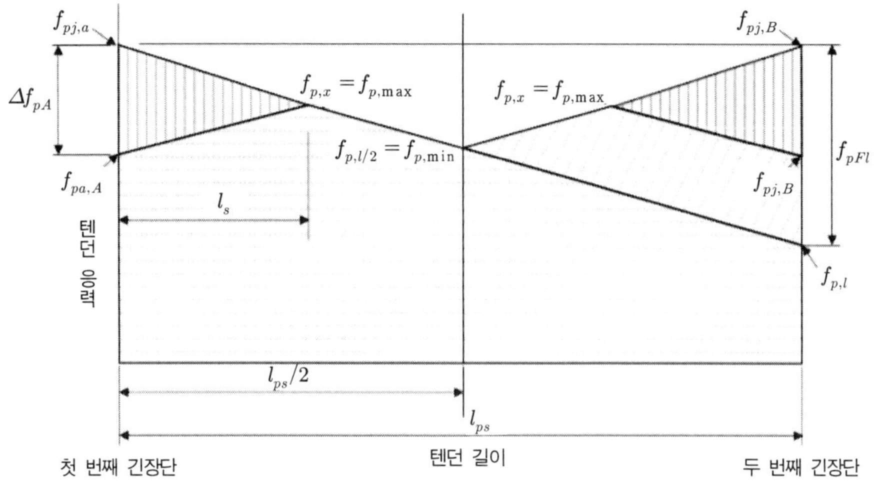

그림 3.2 **양단 긴장할 때와 정착장치 활동 후 텐던의 응력 분포**

던 길이에 따른 응력을 나타낸다. 이러한 곡선 하부의 면적을 E_{ps}로 나누면 정착장치 활동 후의 순 텐던 신장량이 산출된다.

긴장단과 고정단의 강연선 응력 차이는 텐던 길이의 증가에 따라, 마찰계수의 증가에 따라, 텐던 형상에 더 큰 각변화가 있을수록 증가한다.

건축 분야에서 주로 적용되는 단일 비부착 텐넌의 경우 폴리에틸렌 재질의 쉬스 및 코팅제를 사용하므로 마찰이 작기 때문에 응력 곡선의 기울기가 상대적으로 작은 편이다. 따라서 일반적인 길이의 텐던은 평균 텐던 응력을 모든 임계단면에 적용할 수 있다. 길이가 긴 텐던의 경우, 즉 일단 긴장의 경우 37 m 이상, 양단 긴장의 경우 73 m 이상이면 부재의 해당 위치에서 요구되는 프리스트레스 응력을 확보하기 위해 추가적인 텐던이 요구될 수도 있다. 12 m 이하의 짧은 텐던에서는 정착장치 활동의 영향이 클 수 있으므로 3.2.4절과 같이 고려되어야 한다.

양단 긴장되는 텐던의 응력 분포 예는 그림 3.2에 나타나 있다. 이 경우 텐던을 양단에서 반드시 동시에 긴장할 필요는 없다. 일반적으로 건축물에서는 한쪽 단에서 긴장이 완료된 후 나머지 단에서 긴장이 이루어진다.

그림 3.2와 같이 양단 긴장할 때 최종적인 응력 분포는 대칭이며 평균 마찰 또한 대칭으로 분포한다. 또한 그림 3.2는 한쪽 단의 긴장에 의해 정착장치 활동 전 발생하는 신장량, 즉 $f_{pj,A}$ 및 $f_{p,l}$로 구획지어지는 응력 곡선 하부의 면적을 긴장재의 탄성계수 E_{ps}로 나눈 값은 나머지 단의 긴장에 의해 발생하는 추가 신장량, 즉

$f_{p,l/2}$, $f_{pj,B}$ 및 $f_{p,l}$로 구획지어지는 면적을 긴장재의 탄성계수 E_{ps}로 나눈 값보다 훨씬 크다는 것을 보여주고 있다.

높이가 큰 단면을 가진 교량의 경우 부착된 다중 강연선이 주로 사용되며 이 경우 더 큰 각변화가 발생한다. 이러한 부착된 다중 강연선은 빌딩, 전이보, 슬래브 및 물탱크와 같은 기타 구조물에 사용되기도 한다. 연속보의 경우 각변화가 큰 중간 지점들에서는 마찰이 증가하므로 각 경간의 각각 임계단면에서 실제 프리스트레스 응력을 산정하기 위해 각각의 텐던이 개별적으로 분석되어야 한다. 그림 3.3은 다양한 마찰 크기를 가진 경우의 응력 분포를 보여주고 있다. 부착식 텐던의 경우 일반적으로 텐던들이 긴장된 후 얼마 지나지 않아 그라우팅되므로 프리스트레싱 힘의 재분포는 발생하지 않으며, 따라서 보통 텐던들의 평균 힘이 사용되지는 않는다.

마찰손실은 곡률 마찰계수 μ_p로 표현되는 의도된 텐던 곡률 및 파상 마찰계수 K로 표현되는 의도되지 않은 텐던 굴곡에 의한 것으로 구분할 수 있다. 덕트의 강성은 파상 마찰을 저감시키는 데 기여할 수 있으며, 유연성이 큰 덕트는 파상 마찰을 증가시킨다. 일반적으로 강성이 큰 금속제 덕트는 유연성이 큰 플라스틱 덕트보다 더 큰 최대 지지간격 규정을 가지고 있다. 마찰이 긴장재 길이에 따른 프리스트

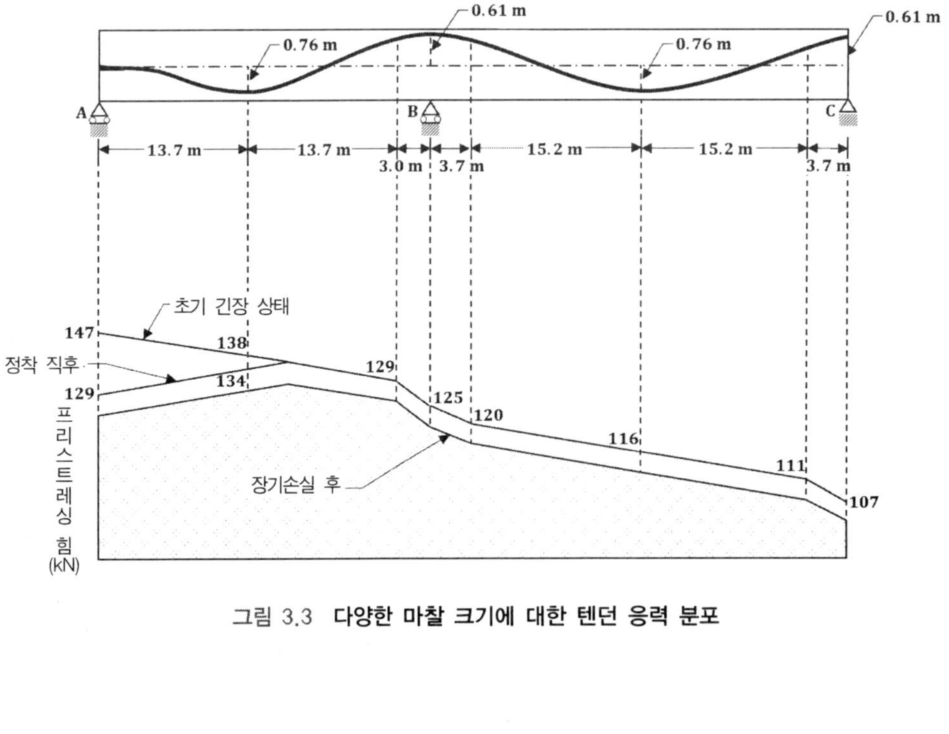

그림 3.3 **다양한 마찰 크기에 대한 텐던 응력 분포**

레싱 힘에 미치는 영향은 다음 식으로 계산될 수 있다.

$$P_{px} = P_{pj} e^{-(\mu_p \alpha_{px} + K l_{px})} \tag{3.2}$$

여기서,

P_{px} : x 위치에서 프리스트레싱 힘(N)

P_{pj} : 긴장단에서 프리스트레싱 힘(N)

e : 자연로그의 밑

μ_p : 표 3.4의 곡률 마찰계수(/rad)

α_{px} : 긴장단에서 x 위치까지 긴장재 각변화(rad)

K : 표 3.4의 파상 마찰계수(/m)

l_{px} : 긴장단에서 x 위치까지 긴장재 길이(m)

텐던 길이 방향으로 구간에 따라 마찰의 크기가 달라지는 경우 두 점 사이에서 마찰이 일정한 구간들을 각각 고려해야 한다. 예를 들면, 텐던의 변곡점에서 그러한 구간들이 나뉠 수 있다. 이러한 과정을 편리하게 수행하기 위해, 텐던의 궤적을 따라 전 위치에서 마찰손실을 고려한 프리스트레싱 힘을 산정해주는 전산 프로그램을 사용할 수도 있다.

마찰계수는 텐던의 종류 및 구성에 따라 달라진다. 단일 비부착 텐던의 경우 코팅제의 종류나 압출성형된 플라스틱 쉬스의 특징에 따라 마찰계수값이 정해진다. 이러한 코팅제나 플라스틱 쉬스 재료의 품질이 우수하고 품질의 일관성도 있을 경우 마찰계수값을 더욱 정확하게 예측할 수 있다. 덕트 안에 다중 강연선이 삽입되는 경우 덕트의 종류가 마찰특성에서 매우 중요하다. 예를 들어, 플라스틱 덕트는 주름진 형태의 파형 금속 덕트보다 낮은 마찰계수값을 갖는다. 일반적인 마찰계수의 범위는 표 3.4와 같으며, 이는 PTI M50.3-12(2012)를 참조한 것이다. 강봉은 일반적으로 직선이고 짧으므로 마찰이 거의 발생하지 않으며 강봉이 덕트에 접촉하는 경우에 한해 마찰이 발생한다.

표 3.4 **일반적인 마찰계수의 범위**

긴장재 종류	파형 금속 덕트		파형 플라스틱 덕트		매끈한 강재 파이프		매끈한 플라스틱 파이프		덕트 없이 플라스틱 피복	
	μ_p (/rad)	K (/m)	μ_p (/rad)	K (/m)	μ_p (/rad)	K (/m)	μ_p (/rad)	K (/m)	μ_p (/rad)	K (/m)
강연선	0.15 ~ 0.25	0.0002 ~ 0.0010	0.10 ~ 0.14	0.0002 ~ 0.0010	0.25 ~ 0.30	0	0.10 ~ 0.14	0	–	–
윤활된 강연선	0.12 ~ 0.18	0.0002 ~ 0.0010	–	–	0.20 ~ 0.25	0	–	–	–	–
코팅된 강연선*	0.01 ~ 0.05	0.0002 ~ 0.0010	0.01 ~ 0.05	0.0002 ~ 0.0010	0.01 ~ 0.05	0	0.01 ~ 0.05	0	0.01 ~ 0.07	0.0002 ~ 0.0010
강봉	0.30	0 ~ 0.0007	0.30	0 ~ 0.0007	–	–	–	–	–	–

* 코팅제는 성능 기준을 만족해야 함(PTI M10.3-00(2000)).

3.2.4 정착장치 활동손실

강연선 긴장 후 쐐기 등으로 정착시킬 때 정착장치 내에서 강연선 및 쐐기가 미끄러지면서 발생하는 활동량은 유압식 쐐기 정착장치가 있는 잭을 사용하여 긴장할 경우 보통 6 mm 정도이다. 한편, 단일 강연선이 유압식 쐐기 정착장치가 없는 잭으로 긴장될 경우 활동량이 19 mm에 이를 수도 있다. 다만, 잭 노즈 안에 스프링식 쐐기 정착장치가 제 위치에 설치되어 있다면 활동량은 6~9.5 mm 정도의 값으로 나타난다.

정착장치 활동이 텐던 응력에 미치는 영향은 다음 식들로부터 계산될 수 있다. 활동량은 긴장단에서 정착장치 활동의 영향 범위까지의 응력을 적분한 값을 긴장재 탄성계수로 나누어 식 (3.3)과 같이 구할 수 있으며, 그림 3.1 또는 3.2를 참조하여 정리하면 식 (3.4)와 같다.

$$\Delta s = \frac{\int (\text{초기 긴장 단계 응력} - \text{정착 직후 응력})dx}{E_{ps}} \tag{3.3}$$

$$\Delta s = \frac{\Delta f_{pA} l_s}{2E_{ps}} \tag{3.4}$$

응력 곡선의 기울기는 마찰의 크기 또는 단위길이당 마찰을 의미한다. 정착장치 활동 후 응력 곡선의 기울기는 긴장할 때의 응력 곡선과 비교할 때 값은 같고 방향은 반대이다. 식 (3.5)는 양단 또는 고려중인 두 점에서 마찰이 선형으로 분포할 때 적용할 수 있다.

$$g_p = \frac{f_{pFl}}{l_{ps}} = \frac{(f_{pj} - f_{p,l})}{l_{ps}} \tag{3.5}$$

$$l_s = \frac{\Delta f_{pA}}{2g_p} = \frac{\Delta f_{pA} l_{ps}}{2f_{pFl}} \tag{3.6}$$

$$\Delta f_{pA} = \frac{2f_{pFl} l_s}{l_{ps}} \tag{3.7}$$

식 (3.7)을 식 (3.4)에 대입하고 l_s에 대해 풀이하면 다음과 같다.

$$l_s = \sqrt{\frac{E_{ps} \Delta s l_{ps}}{f_{pFl}}} \tag{3.8}$$

만약 $l_s > l_{ps}$이면 정착손실이 그림 3.4와 같이 정착단까지도 전달되게 된다. 한편 식 (3.7) 및 (3.4)로부터 식 (3.9)와 같이 Δf_{pA}에 대해 나타낼 수도 있다.

$$\Delta f_{pA} = 2\sqrt{\frac{E_{ps} f_{pFl} \Delta s}{l_{ps}}} \tag{3.9}$$

여기서,

Δf_{pA} : 정착장치 활동에 의한 긴장단에서 응력 변화(MPa)

g_p : 응력 곡선의 기울기(MPa/mm)

f_{pFl} : 마찰에 의한 응력 손실(MPa)

l_s : 정착장치 활동의 영향을 받는 길이(mm)

l_{ps} : 정착부 사이의 강연선 길이(mm)

Δs : 정착장치의 활동량(mm)

E_{ps} : 긴장재의 탄성계수(MPa)

정착장치의 활동량을 측정할 때에는 잭 내에서 텐던 신장량도 고려해야 한다. 특히 마찰이 상대적으로 작은 짧은 텐던에서는 정착장치의 활동이 고정단에서 프리스트레싱 힘까지도 영향을 미칠 수 있다. 그림 3.4는 이러한 짧은 텐던에서 응력 분포 예를 보여주고 있다. 여기서 정착장치 활동은 고정단에서 강연선 응력을 $f_{p,l1}$에서 $f_{p,l2}$까지 감소시켰다. 굵은 실선, 즉 f_{pa} 및 $f_{p,l2}$으로 표시된 응력 곡선 하부의 면적을 E_{ps}로 나눈 값이 정착장치 활동 후의 신장량을 나타낸다. 사다리꼴, 즉 f_{pj}, f_{pa}, $f_{p,l2}$ 및 $f_{p,l1}$의 면적을 E_{ps}로 나눈 값은 정착장치 활동에 의한 신장량의 손실을 나타낸다.

한편 강봉의 정착장치에서 발생하는 활동량은 일반적으로 작으므로 측정하지 않는 경우가 많다.

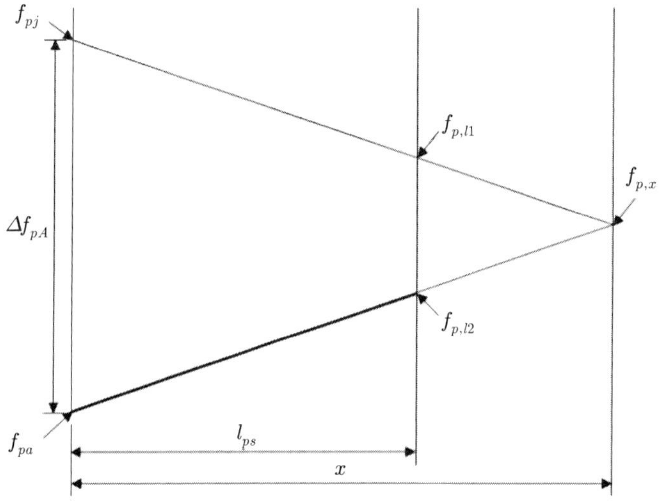

그림 3.4 **짧은 텐던에서 응력 분포**

3.2.5 탄성수축 손실

포스트텐션 부재에서 여러 개의 강연선들을 동시에 긴장할 때 이론적으로는 주변 콘크리트가 압축을 받음과 동시에 긴장된 강연선들의 길이가 늘어난다. 따라서 해당 텐던 자체에 대한 긴장 작업 동안에는 텐던에 탄성수축이 발생하지 않는다고 가정한다. 하지만 사전에 긴장되어 정착된 텐던의 경우 다른 텐던들의 후속 긴장 작업 동안 콘크리트와 함께 수축하므로 탄성수축에 의한 프리스트레스의 손실이 발생하게 된다. 포스트텐션 부재에서 탄성수축 손실은 긴장 작업의 순서에 의존하게 되며, 일반적으로 개별 텐던들의 손실을 평균하여 사용하게 된다.

긴장 작업을 하는 동안 모든 포스트텐션 텐던들은 비부착 상태이다. 비부착식 텐던은 쉬스 내에서 움직일 수 있으므로 대부분의 휨부재에서 주변 콘크리트와 동일한 변형률을 나타내지는 않는다. 이러한 이유로 탄성수축에 의한 프리스트레스 손실을 계산할 때에는 콘크리트의 평균 압축응력 f_{cpi}을 사용하는 것이 권장된다. 이러한 절차는 비부착된 텐던의 탄성수축에 의한 손실을 프리텐션 부재와 같이 최대 모멘트 발생 지점의 변형률과 연관짓기보다는 부재 길이에 따른 평균 변형률과 연관짓는 것과 관계 있다.

Zia et al.(1979)은 탄성수축 손실을 다음과 같이 계산할 것을 제안하였다.

$$\Delta f_{pES} = K_{es} E_{ps} f_{cpi} / E_{ci} \tag{3.10}$$

여기서,

f_{cpi} : 프리스트레스가 콘크리트에 도입된 직후 텐던들의 도심 위치에서 콘크리트의 평균 압축응력(MPa)

K_{es} : 동일한 긴장력으로 텐던이 순차적으로 긴장되는 포스트텐션 부재의 경우 0.5, 모든 텐던이 동시에 긴장될 경우 0, 다른 긴장 절차의 경우 0~0.5의 값을 갖게 됨.

E_{ps} : 긴장재의 탄성계수(약 196,500 MPa)

E_{ci} : 긴장 시점에서 콘크리트의 탄성계수(MPa)

포스트텐션 부재의 탄성수축 손실 계산은 프리텐션 부재의 계산과 다를 수 있다. 앞서 언급한 바와 같이 포스트텐션 부재의 경우 모든 긴장 작업에 의한 텐던들의 평균 손실을 탄성수축 손실로 간주한다. 이때 텐던들이 동일한 긴장력으로 순차적으로 긴장되는 포스트텐션 부재에서는 이러한 평균화된 계수(K_{es})값으로 0.5를 사용할 수 있다.

이와 유사하게 AASHTO LRFD(2014) 기준에서는 평균화된 계수를 $(N-1)/(2N)$로 제안하고 있으며, 여기서 N은 순차적으로 긴장되는 텐던들의 개수이다. N값이 비교적 클 경우 이러한 평균화된 계수는 Zia et al.(1979)이 제안한 바와 같이 0.5에 수렴함을 알 수 있다. 슬래브 시스템에서와 같이 텐던의 배치 간격이 커서 인접한 텐던들 간에 탄성변형과 관련된 상호작용이 크지 않은 경우에는 포스트텐션되는 텐던들의 탄성수축 손실이 더욱 감소될 수 있다. AASHTO LRFD(2014) 기준에서는 이러한 경우 원계산에 의한 탄성수축 손실값을 추가로 75% 감소시켜 25%만 취하도록 권장하고 있다. 유사한 경우에 대해 식 (3.10)의 간략화된 방법에서는 실무자의 판단에 근거하여 감소된 K_{es}값을 0~0.5 사이에서 취하도록 하고 있다.

순차적으로 긴장되는 텐던에서 탄성수축 손실을 평균화할 경우 자중에 의한 휨모멘트의 영향을 고려해야 한다. 포스트텐션 보의 경우 첫 번째 텐던의 긴장 작업을 실시할 때 보가 지지점들로부터 들리게 되므로 자중에 의한 휨모멘트가 동시에 작용한다. 그러므로 첫 번째 텐던의 긴장이 완료될 때 자중의 영향은 이미 반영된다고 볼 수 있다. 이 경우 후속 긴장 작업에 의해 발생하는 탄성수축 손실은 프리스트레싱 힘에 의한 것만 고려하면 된다.

포스트텐션 부재의 탄성수축 영향의 계산과 관련하여 프리텐션 부재와의 또 다른 큰 차이점은 프리스트레스 도입 중에는 텐던이 비부착 상태라는 점이다. 이러한 이유로 탄성수축 손실 및 프리스트레스 도입 직후 콘크리트의 응력 계산에는 콘크리트 순단면을 사용하여 계산의 정밀도를 높일 수 있다. 이러한 순단면은 덕트의 단면적을 제외하고 계산된다. 만약 많은 양의 철근이 배치된 경우에는 환산단면 해석을 수행하여 탄성해석의 정확도를 더욱 향상시킬 수 있다. 이때 철근은 등가의 강성을 가진 콘크리트 단면으로 변환되며 그라우팅되지 않은 덕트의 단면적은 제외된다. 하지만 실용적으로는 계산의 편의를 위하여 전체 단면이 순수한 콘크리트로 이루어져 있다고 가정한 총단면에 근거하여 계산하는 경우도 많으며 총단면 가정에 따른 오차는 무시할 수 있을 정도로 작은 경우가 대부분이다.

또한 프리스트레스 도입 도중 텐던들은 항상 비부착 상태이므로 고려하는 단면에서 텐던의 수축이 주변 콘크리트의 변형률과 일치하지 않는다. 한 텐던의 탄성수축은 긴장단과 정착단 사이에서 발생되는 상대적인 변위의 직접적인 함수가 된다. 따라서 단면의 중심에 정착되는 텐던의 경우 탄성수축 변형은 단면의 평균적인 프리스트레스로부터 직접 계산할 수 있다. 3.9절의 예제에서 다루는 포스트텐션 슬래브가 이러한 경우이다. 포물선으로 배치되거나 단면의 중심에 배치되지 않은 텐던의 경우에는 탄성수축 손실을 결정하기 위하여 전체 텐던 길이에 대하여 텐던 도심에서 평균 콘크리트 응력을 계산해야 한다.

마지막으로, 앞서 논의된 바와 같이 마찰손실을 계산함으로써 포스트텐션 부재의 길이에 걸쳐 변동되는 프리스트레싱 힘의 분포를 산출할 수 있다. 따라서 이러한 부재에서 탄성수축 손실을 엄밀히 계산하기 위해서는 마찰손실 후 부재 길이에 따른 평균적인 프리스트레싱 힘을 사용할 수 있다.

3.3 기타 사항

3.3.1 신장량

(1) 신장량 계산

예상되는 신장량을 계산하기 위해서는 그림 3.1, 3.2 또는 3.3의 응력 분포 하부의 면적을 E_{ps}로 나누면 된다. 신장량은 비부착, 부착, 강봉 여부에 관계없이 다음의 기본식으로 계산된다.

$$\Delta_P = \frac{P_{avg} l_{ps}}{A_{ps} E_{ps}} = \frac{f_{p\_avg} l_{ps}}{E_{ps}} \tag{3.11}$$

여기서,

Δ_P : 신장량(mm)

P_{avg} : 텐던의 평균 프리스트레싱 힘(N)

f_{p_avg} : 텐던의 평균 응력(MPa)

l_{ps} : 정착부 사이의 강연선 길이(mm)

A_{ps} : 강연선의 단면적(mm^2)

E_{ps} : 강연선의 탄성계수(MPa)

평균 프리스트레싱 힘은 곡률 마찰이나 파상 마찰에 의한 손실 및 정착손실에 의존한다.

(2) 신장량 측정

텐던의 긴장 작업 및 신장량의 현장 측정은 관련된 표준 문서들을 참조한다(PTI, 2000 ; PTI, 2007 ; 한국콘크리트학회, 2013a ; 한국콘크리트학회, 2013b). 신장량의 변동이 허용범위를 벗어날 경우 특정 텐던에 대해 강연선의 단면적 및 탄성계수값을 강재 제조업체가 제공하는 강재의 품질보증서(mill certificate 또는 mill sheet)를 참조하여 검증해 보아야 한다.

(3) 신장량에 대한 고려사항

신장량이 명시된 허용범위를 초과할 경우 다음과 같은 몇 가지 사항을 고려하여 원인을 분석해야 한다.

- 텐던에 대한 표시 및 신장량 측정에 있어서의 문제 및 비일관성
- 예상보다 큰 각변화 및 마찰에 의한 과도한 마찰 또는 쉬스 거치의 변동성에 의한 과도한 파상
- 앵커헤드의 구멍에 남아 있는 시멘트 페이스트, 부적절하게 작동하는 긴장 장치나 자동 정착장치에 의한 정착장치의 과도한 활동
- 현장에 공급되는 강연선에 대한 품질보증서로부터 확인할 수 있는 강연선의 단면적 및 탄성계수의 변동성
- 계산상의 오류

짧은 텐던은 긴 텐던과 비교하면 측정할 때의 부정확성 및 정착장치 활동의 변동성에 더 크게 영향을 받는데, 이는 전체 신장량 중 이러한 영향이 차지하는 비중이 상대적으로 더 크기 때문이다. 짧은 텐던에서 정착장치 활동은 고정단에서 텐던

응력까지도 영향을 미친다.

(4) 신장량 확인

텐던을 긴장할 때 긴장력은 주된 관심사이다. 긴장력의 검증 목적으로 신장량을 측정할 때에는 검·교정된 인장잭 및 게이지를 사용해야 한다. 신장량에 영향을 주는 많은 요인이 있으므로 긴장력 및 측정된 신장량의 차이에 대해 합리적인 허용범위를 적용해야 한다. 신장량의 예상값 및 측정값 간의 차이에 대한 허용범위는 기준마다 차이가 있다. 표 3.5는 그러한 허용범위를 요약하여 보여주고 있다. 이처럼 허용범위를 이용한 접근 방식은 신장량 측정값이 허용범위를 벗어나는 경우를 해결하기 위한 지침으로 사용될 수 있다.

표 3.5에 나타난 바와 같이 설계기준에서는 다음과 같은 경우에 대해 서로 다른 허용범위를 규정하고 있다.

- 긴 텐던 또는 짧은 텐던
- 한 단면 또는 부재에 있어서 특정한 개별 텐던 또는 전체 텐던
- 신장량 예상값에 대한 미달 또는 초과

한편 PTI에서는 10 m 길이 이하의 텐던의 경우 ±6.5 mm를 허용값으로 권장하고 있다(PTI, 2012).

표 3.5 **신장량의 예상값 및 측정값 간의 허용범위**

설계기준	예상값 및 측정값 차이에 대한 허용범위
ACI 318-14(2014)	±7 %
AASHTO Guide Specifications for Design and Construction of Segmental Concrete Bridges(1999)	±5 % (리프트오프 시험으로 검증된 마찰계수 및 실제 재료의 물성에 근거했을 때의 개별 텐던)
AASHTO LRFD(2014)	±5 %(15 m 이상의 텐던) ±7 %(15 m 이하의 텐던)
EN 13670(2009)	±15 %(개별 텐던) ±5 %(전체 텐던)
fib Model Code(2013)	±10 %(15 m 이상의 개별 텐던) ±5 %(15 m 이상의 전체 텐던) ±15 %(15 m 이하의 개별 텐던) ±7 %(15 m 이하의 전체 텐던)

3.3.2 외력에 의한 프리스트레싱 힘의 변동

긴장재의 긴장 및 정착 후 추가적인 고정하중이 재하될 경우 긴장재 길이가 늘어나서 유효 프리스트레싱 힘이 증가될 수 있다. 이는 프리스트레스 손실의 부분적인 회복으로 볼 수도 있다. 이러한 추가 고정하중에는 슬래브 부재 상면에 타설하는 콘크리트, 교량 거더 상부에 타설하는 바닥판이나 방호벽 등이 있다. 프리텐션 부재나 부착식 텐던을 사용하는 포스트텐션 부재의 경우 이러한 프리스트레스의 변동은 프리스트레싱 힘의 도심에서 콘크리트 응력 변동값에 탄성계수비를 곱하여 식 (3.12)와 같이 산정할 수 있다. 하지만 비부착 텐던이 사용되는 건축물의 경우 비록 추가적인 고정하중이 작용하더라도 정착부 사이에서 텐던의 길이 변동은 미미하므로 유효 프리스트레싱 힘의 증가는 무시할 수 있을 정도이다.

$$\Delta f_{pEG} = n_p \Delta f_{cg} \tag{3.12}$$

여기서,

Δf_{pEG} : 추가적인 고정하중에 의한 프리스트레스의 증가(MPa)

$n_p = E_{ps}/E_c$: 추가적인 고정하중이 재하되는 시점에서 콘크리트에 대한 긴장재의 탄성계수비

Δf_{cg} : 추가적인 고정하중에 의한 프리스트레싱 힘의 도심에서 콘크리트 응력 변동값(MPa)

3.4 프리스트레스 장기손실

프리스트레스 장기손실은 콘크리트의 크리프나 건조수축, 긴장재의 릴랙세이션과 같은 콘크리트와 PS 긴장재의 시간 종속적 특성에 의해 발생한다. 긴장재의 릴랙세이션과 같은 하나의 요소에 의한 손실률은 콘크리트의 건조수축이나 크리프 같은 다른 요소들에 의해 계속적으로 변화하기 때문에 프리스트레스 장기손실 산정은 매우 복잡한 절차를 포함한다. 크리프의 변화는 결국 텐던 응력의 변화에 의해 생기

며, 그 변화의 대부분은 불확실한 재료 특성, 가력 시간, 콘크리트 양생 방법, 환경 조건, 시공 세부사항 등에 영향을 받는다.

이 절의 초반에 제시된 공식들은 다양한 시간 의존 요소들로부터 프리스트레스 손실을 합리적으로 추정하기 위한 근사해법이다. 프리스트레스트 콘크리트 부재의 일반 설계에는 다음의 사항들이 적용될 수 있다 : 1) 자중이 작용하는 상태의 미리 압축된 인장영역에서 2.41~12.1 MPa의 연단 압축응력, 2) 27 MPa의 최소 콘크리트 압축강도 f_{ck}, 3) 최소 1,842 kg/m^{3}의 단위 중량을 가지는 콘크리트(Zia et al., 1979). 특이한 설계 조건의 경우에는 보다 상세한 절차를 고려한다. 콘크리트구조기준(2012)에 의하면 프리스트레스 손실의 원인을 다음 6가지로 나타내고 있다 : 1) 정착장치의 활동, 2) 콘크리트의 탄성수축, 3) 긴장재와 덕트 사이의 마찰, 4) 콘크리트의 크리프, 5) 콘크리트의 건조수축, 6) 긴장재의 릴랙세이션, 그 밖의 장기손실의 요소들은 언급하고 있으나 구체적인 산정식은 제시되어 있지 않다.

Eurocode 2(2004)에서는 포스트텐션 콘크리트의 장기손실을 크게 2가지 원인에 의한 장기손실로 분류하고 있는데, 이는 1) 크리프와 건조수축에 의한 변형률의 감소, 2) 릴랙세이션에 의한 강재 내부 응력 감소이다. 또한 각 요소들이 종합적으로 고려된 근사해법을 제시하고 있다. fib technical report 31(2005)에서도 장기손실의 원인을 콘크리트의 크리프와 건조수축, 그리고 텐던 릴랙세이션으로 분류히고 있으며, 이 3가지 요소를 반영하는 근사해법을 제시하고 있다. 또한 장기손실은 일반적으로 초기 응력의 10~15% 정도임이 제시되어 있다.

뉴질랜드 콘크리트구조기준(NZS 3101-1, 2006)도 동일한 3가지 요소를 장기손실의 원인으로 제시하고 있다. 종합적인 근사해법은 제시하고 있지 않으나 각 요소에 의해 발생하는 손실을 산정하는 근사해법은 각각 제시되어 있다.

이 절은 ACI-ASCE Committee 423의 보고서(Zia et al. 1979)에 기초하고 있다. 이 절에서 소개하는 근사해법은 3.1절에서와 같이 대표값 또는 경험값을 사용하는 것이 아니라 다양한 요소에 의한 프리스트레스 손실을 설계자가 개별적으로 추정하는 방법이다. 이 근사해법은 실용적인 설계적용을 위한 것이며, 일반 설계조건에 대해 현실적인 값을 제공한다. 보다 더 자세한 분석이 필요한 특이 설계 상황 및 구조의 경우에는 이 장의 후반부에서 소개될 정밀산정법을 사용할 수 있다.

총 프리스트레스 손실 Δf_{pT}는 마찰과 정착에 의한 손실 Δf_{pFS}, 탄성수축에 의한 손실 Δf_{pES}, 콘크리트 크리프에 의한 손실 Δf_{pCR}, 콘크리트 건조수축에 의한 손실 Δf_{pSH}, 텐던 릴랙세이션에 의한 손실 Δf_{pRE}로 나누어진다. 이를 식으로 정리하면 식 (3.13)과 같다.

$$\Delta f_{pT} = \Delta f_{pFS} + \Delta f_{pES} + \Delta f_{pCR} + \Delta f_{pSH} + \Delta f_{pRE} \tag{3.13}$$

마찰 및 정착에 의한 손실과 탄성수축에 의한 손실은 단기손실에 해당하므로 이 절에서는 Δf_{pCR}, Δf_{pSH}, Δf_{pRE} 관련 근사해법에 대해 다루어지며, 이는 각각 3.4.1, 3.4.2, 3.4.3절에 제시되어 있다.

한편 위의 근사해법과 별도로 비부착식 텐던의 프리스트레스 장기손실에 대한 다양한 정밀산정법이 사용되기도 하는데, 크게 시간증분법 혹은 재령보정 유효탄성계수법으로 분류될 수 있다. 재료의 특성을 가정하여 설계하는 경우에는 프리스트레스 손실 정밀산정이 필요하지 않을 수 있다. 복합적인 시스템에서는 콘크리트의 수축차로 인한 텐던의 장기적인 응력 변화와 슬래브 데크나 토핑의 열 효과를 고려할 필요가 있다.

정밀산정법은 재료의 특성을 이용하여 장기손실을 더 정확하게 추정하기 위한 것으로 특수 장경간 부재나 세그먼트 교량에 주로 적용된다. 초기에 프리텐션을 도입하고 조립 후 해당 부분에 포스트텐션을 적용하는 분절공법과 같이 특수한 시공절차가 적용되는 경우에 정밀산정법이 선호된다. 근사해법이 어느 한 시점의 프리스트레스 손실 근사값만을 제공하는 반면, 정밀산정법은 구조물의 수명 중 어떤 시점에 대해서도 프리스트레스 손실을 추정할 수 있도록 해준다. 이 절에서는 정밀산정법에 대해서도 개략적으로 소개한다.

또한, 이 절에서는 물성치와 탄성계수에 기반하여 산정한 프리스트레스 손실의 범위 및 변동성에 대하여 분석되어 있다. 구조설계자는 프리스트레스 손실을 산정함에 있어 그 범위와 변동성에 대하여 인식할 필요가 있는데, 이론적 계산 결과를 얻는 과정에서 탄성계수, 크리프계수 등과 같은 기본 물성치의 변동성에 의한 영향과 건조수축의 변동성에 의한 영향이 고려되어야 한다. 이러한 변동성은 모든 프리스트레스 부재들에 대해 일반적으로 발생하는 것이며, 정착과 마찰과 관련된 변동성은 포스트텐션 부재 및 긴장재의 릴랙세이션과 연관되어 있다.

3.4.1 콘크리트 크리프에 의한 손실

콘크리트 크리프에 의한 손실률은 콘크리트 응력 변화에 따라 바뀌기 때문에 프리스트레스 손실 산정과정이 복잡하다. 콘크리트 응력은 구조물의 전 생애에 걸쳐 지속적으로 변화하기 때문에 크리프에 의한 손실률 또한 지속적으로 변화한다.

프리스트레스 도입 직후 콘크리트에 발생하는 초기 압축변형의 일부는 중첩된 고정하중에 따른 인장변형에 의해 감소된다. 콘크리트 크리프에 의한 프리스트레스 손실은 보강 수준에 따라 콘크리트의 영구 압축변형에 비례하는 것으로 가정할 수 있다.

모래 경량골재를 사용한 프리스트레스트 콘크리트 부재는 낮은 탄성계수 때문에 콘크리트 탄성수축에 의한 손실이 큰 비중을 차지한다. 탄성수축은 크리프 손실의 감소를 초래하며, 따라서 크리프 계수가 20% 정도 감소된다. 모든 경량 콘크리트 부재에서 이러한 크리프 계수 감소율은 경량 골재의 특성에 맞게 고려되어야 한다.

비부착 텐던은 쉬스 내에서 이동할 수 있기 때문에 이를 둘러싸고 있는 콘크리트와 동일한 응력 혹은 변형률의 변화를 가지지 않는다. 따라서 텐던 중심에서 평균 콘크리트 압축응력 f_{cpi}은 콘크리트 크리프에 의한 프리스트레스 손실을 평가하는 데 사용된다. 콘크리트 크리프에 의한 비부착식 텐던의 프리스트레스 손실은 최대 모멘트가 발생하는 단면에서 텐던 중심 변형률보다는 텐던 중심에서 평균 부재 변형률과 더 관련이 있다.

$$\Delta f_{pCR} = k_{cr}(E_{ps}/E_c)f_{cpi} \tag{3.14}$$

k_{cr}의 경우 PCI Design Handbook(2010)에서 제시하는 값을 도입할 수 있고, PTI Technical Notes(2000)에서는 모든 텐던에 작용하는 긴장력이 동일할 경우 0.5를 사용하고 그렇지 않을 경우 0에서 0.5 사이의 값을 가진다고 보고되어 있다.

3.4.2 콘크리트 건조수축에 의한 손실

콘크리트 건조수축에 의한 비부착식 텐던의 프리스트레스 손실은 콘크리트에 프리스트레스가 도입된 후 발생하는 건조수축에 비례한다. 콘크리트 부재의 건조수축

변형은 여러 요인 중 부피/표면적비와 상대습도의 영향을 많이 받는다. 건조수축으로 인한 프리스트레스 손실은 도입 후 발생하는 건조수축량과 긴장재 탄성계수의 곱으로 식 (3.15)와 같이 나타낼 수 있다. 여기서 k_{sh}는 습윤양생 후부터 프리스트레스 도입까지의 시간에 따른 건조수축을 고려하기 위한 인자인데, 표 3.6에 나타난 값을 사용한다.

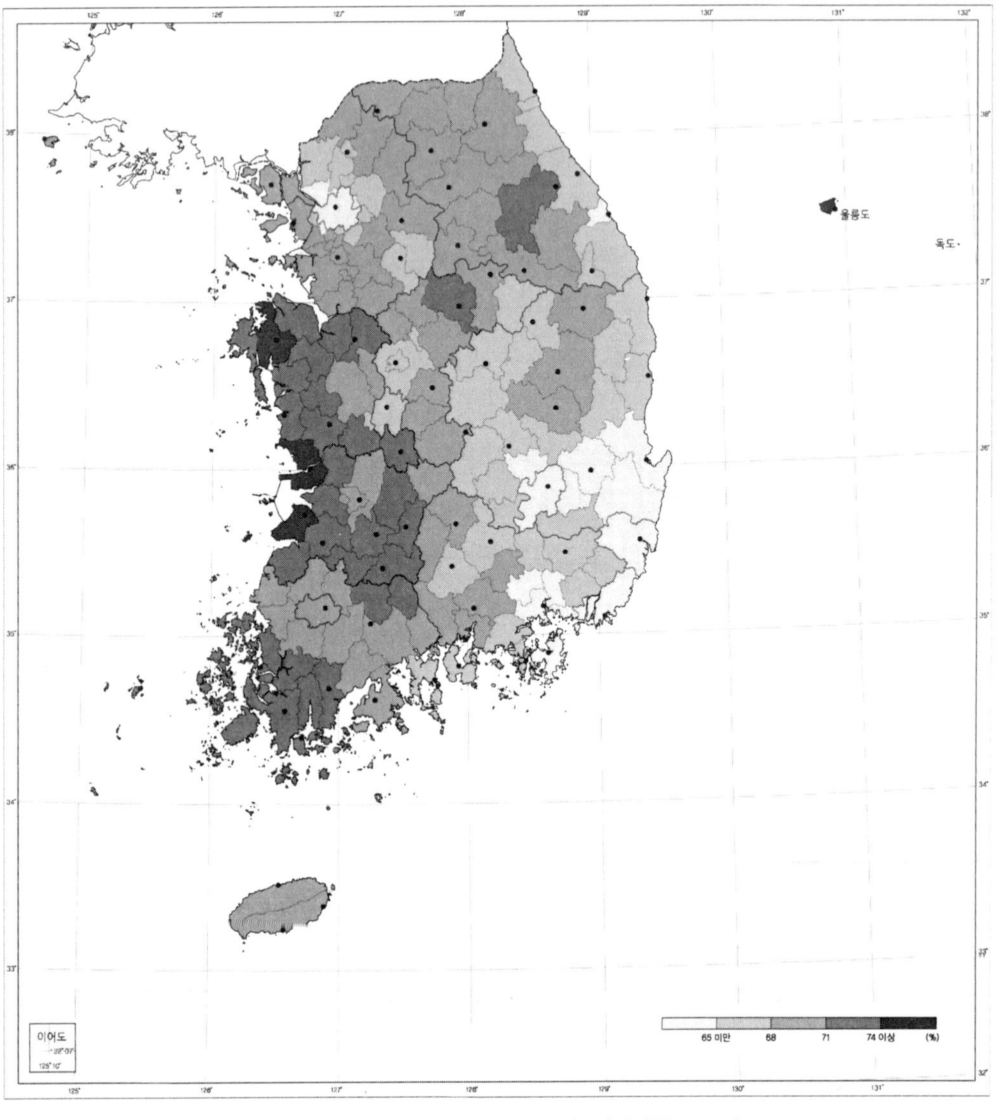

그림 3.5 **대한민국 연평균 상대 습도(기상청, 2012)**

표 3.6 **비부착식 포스트텐션 부재의 k_{sh} 값(PCI, 2010 ; PTI, 2000)**

습윤양생 후부터 프리스트레스 도입까지의 시간, 일	1	3	5	7	10	20	30	60
k_{sh}	0.92	0.85	0.80	0.77	0.73	0.64	0.58	0.45

$$\Delta f_{pSH} = 8.2 \times 10^{-6} k_{sh} E_{ps} (1 - 0.024 \frac{V}{S})(100 - RH) \tag{3.15}$$

식 (3.15)에서 일부 경량 콘크리트의 건조수축변형을 추정하기 위한 계수는 8.2×10^{-6}보다 클 것이고, V/S는 표면적에 대한 부피의 비율로서 단위는 mm이어야 하며, RH는 평균 상대 습도(%)로서 그림 3.5를 참고한다.

3.4.3 텐던 릴랙세이션에 의한 손실

텐던의 릴랙세이션에 의한 프리스트레스 손실률은 텐던 응력의 변화에 따라 바뀐다. 텐던 릴랙세이션에 의한 프리스트레스 손실은 식 (3.16)과 같이 계산된다.

$$\Delta f_{pRE} = [k_{re,3} - k_{re,2}(\Delta f_{pSH} + \Delta f_{pCR} + \Delta f_{pES})] k_{re,1} \tag{3.16}$$

긴장재의 릴랙세이션에 의한 프리스트레스 손실을 산정하기 위한 계수인 $k_{re,2}$와 $k_{re,3}$의 기본적인 값은 표 3.7에 나타나 있다. 다른 프리스트레스 손실 요인들 때문에 장기적으로 텐던 응력의 지속적인 감소가 있으며, 이는 시간에 따른 릴랙세이션 비율의 감소를 유발한다. 콘크리트 탄성수축에 의한 텐던 응력의 감소는 순간적으로 발생하는 반면, 크리프 및 건조수축에 의한 감소는 장기간에 걸쳐 발생한다. 릴랙세이션 관련 계수인 $k_{re,2}$는 이러한 효과를 근사적으로 반영한다. 릴랙세이션 관련 계수인 $k_{re,1}$는 다음 절에 제시되어 있다.

표 3.7 **비부착식 텐던에 적용되는 $k_{re,2}$와 $k_{re,3}$ 값(PCI, 2010)**

텐던 종류	$k_{re,2}$	$k_{re,3}$, MPa
1860 MPa 강도의 응력 제거 강연선 혹은 강선	0.150	138
1860 MPa 강도의 저릴랙세이션 강연선	0.040	34

(1) 응력 제거 강연선

응력 제거 강연선은 미국 등에서 1980년대 중반에 널리 사용되었으나, 이후 전 세계적으로 사용되는 긴장재는 대부분 저릴랙세이션 강연선이다. 보통릴랙세이션 강연선으로 알려진 응력 제거 강연선은 현재 우리나라나 북미에서는 생산되지 않는다. 하지만 응력 제거 강연선으로 시공된 기존 건축물이 다수 있고, 타 국가에서는 응력 제거 강연선을 생산하는 제조업체가 있으므로 이 절에서는 관련 지침을 제시하였다. 대개는 일반 릴랙세이션 강연선을 주문할 경우 제조업체는 보통릴랙세이션 강연선의 요구 사항을 모두 충족하는 저릴랙세이션 강연선을 제공할 것으로 사료된다.

응력 제거 강연선의 릴랙세이션 특성은 저릴랙세이션 강연선의 특성에 가깝다. 저릴랙세이션 강연선과 비슷하게 거동한다고 가정하고 보통릴랙세이션 강연선 관련 수식을 이용해 설계하면 과한 프리스트레스 힘이 공급되며, 이는 크리프와 과도한 캠버의 원인이 될 수 있다. 그러므로 강연선이 저릴랙세이션으로 명시되어 제공되지 않는 한 릴랙세이션 특성은 별도로 측정하는 것이 좋다. 응력 제거 강연선에 대한 계수 $k_{re,1}$식은 아래와 같으나 현재 Precast/Prestressed Concrete Institute(PCI)는 적용을 권장하지 않는다.

$0.75 \geq f_{pi}/f_{pu} \geq 0.70$,

$$k_{re,1} = 1 + 9(f_{pi}/f_{pu} - 0.7) \tag{3.17}$$

$0.70 \geq f_{pi}/f_{pu} \geq 0.51$,

$$k_{re,1} = [(f_{pi}/f_{pu})/0.19][(f_{pi}/f_{pu})/0.85 - 0.55] \tag{3.18}$$

$f_{pi}/f_{pu} < 0.51$이면,

$$k_{re,1} = (f_{pi}/f_{pu})/3.83 \tag{3.19}$$

(2) 저릴랙세이션 강연선

저릴랙세이션 강연선에 대한 계수 $k_{re,1}$는 식 (3.20)~(3.21)과 같이 계산된다.

$f_{pi}/f_{pu} \geqq 0.54,$

$$k_{re,1} = [(f_{pi}/f_{pu})/0.21][(f_{pi}/f_{pu})/0.9 - 0.55] \quad (3.20)$$

$f_{pi}/f_{pu} < 0.54,$

$$k_{re,1} = (f_{pi}/f_{pu})/4.25 \quad (3.21)$$

3.5 프리스트레스 장기손실 정밀산정법

3.5.1 크리프 및 건조수축 모델 관련 문헌

정확한 프리스트레스 손실 산정은 크리프 및 건조수축 모델의 정확도에 달려 있다. ACI 209.2R-08(ACI, 2008)은 크리프 및 건조수축의 예측과 관련하여 4가지 모델(ACI 209R-92, 1992 ; Bazant-Baweja, 1995 ; CEB, 1999 ; Gardner and Lockman, 2001)을 제시하고 있다. 그 밖에 Sakata(1993), Wendner et al.(2013), AASHTO LRFD(2012)도 다양한 모델을 제시하고 있다.

최적의 크리프 및 건조수축 모델에 대한 합의는 아직 도출된 바 없으며, 모든 모델이 상당한 가변성을 가진다. ACI 209.2R-08은 측정값에 대한 데이터베이스를 제시하고 4가지 모델을 적용한 예측결과와 비교하고 있지만 특정 모델의 사용을 권장하고 있지는 않다.

3.5.2 재령보정 유효탄성계수법

크리프에 의한 시간 종속성 변형의 효과를 반영하는 방법은 콘크리트 탄성계수를 조정하는 방법이 그림 3.6에 나타나 있다. 콘크리트의 초기 변형률 $\varepsilon_c(t_0)$과 초기 응력 $\sigma(t_0)$은 콘크리트의 초기 탄성계수 E_{ci}와 관련이 있으며, 응력이 시간이 지나도 유지되는 경우 추가 변형률은 크리프계수 $\phi(t,\ t_0)$의 함수로 표현될 수 있다. 크리프는 고려하고자 하는 시간 t와 하중이 처음 적용된 시간 t_0의 함수로 나타내고, 최종 변형률은 크리프계수 $\phi(t,\ t_0)$의 함수로 다음과 같이 표현된다(Ghali et al., 2012).

$$\begin{aligned}\varepsilon_c(t) &= \varepsilon_c(t_0) + \phi(t,\ t_0)\varepsilon_c(t_0) \\ &= \varepsilon_c(t_0)(1+\phi(t,\ t_0)) = \frac{\sigma(t_0)}{E_{ci}}(1+\phi(t,\ t_0)) = \frac{\sigma(t_0)}{\left[\dfrac{E_{ci}}{1+\phi(t,\ t_0)}\right]}\end{aligned} \tag{8.22}$$

이를 다르게 표현하는 방법은 탄성계수 E_{eff}를 다음과 같이 정의하는 것이다.

$$E_{eff} = \frac{E_{ci}}{1+\phi(t,\ t_0)} \tag{8.23}$$

이 계수는 순간적으로 가해진 후 일정 기간 동안 남아 있는 하중에 의한 변형률을 계산하는 데 적합하다.

프리스트레스 손실에 의한 응력 변화나 건조수축에 의한 자체평형 응력은 시간이 지남에 따라 서서히 발생하는데, 이 문제에 대한 접근법 중 하나는 응력을 여러 요소로 나누고 각 응력 증분에 대한 탄성 및 크리프 변형률을 식 (3.24)와 같이 합산하는 것이다.

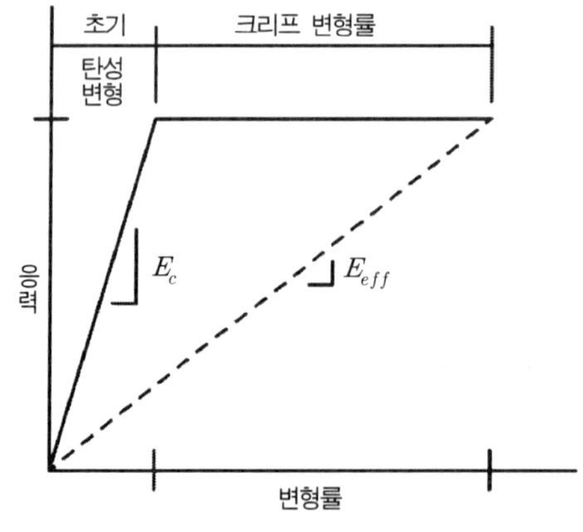

그림 3.6 **유효탄성계수의 정의(ACI, 2016)**

$$\varepsilon_c(t) = \sum_{i=1}^{n} \frac{\Delta\sigma(t_i)}{E_{ci}(t_i)}[1+\phi(t,\ t_i)] \tag{3.24}$$

탄성계수 및 크리프계수를 콘크리트 재령에 따라 도출하여 각각의 응력을 합산할 수 있다. 응력 이력이 잘 알려져 있지 않은 경우에는 합산이 어렵거나 종종 불가능할 수 있다. 합산은 Trost(1967)에 의해 개발된 재령계수(χ)를 사용하여 근사적으로 적용할 수 있다. 이 경우 응력의 총 변화량을 하나의 단계로 적용한다. 또한 콘크리트가 양생되면서 응력이 서서히 발현됨에 따라 후기 응력 증분은 초기 응력 증가보다 크리프에 대한 연관성이 적으므로 크리프계수는 이를 반영하도록 수정된다. 이와 같은 방식으로 총 변형은 다음과 같이 산정된다.

$$\varepsilon_c(t) = \left(\sum_{i=1}^{n} \Delta\sigma(t_i)\right)\frac{1+\chi\phi(t,\ t_0)}{E_c} = \frac{\sum_{i=1}^{n}\Delta\sigma(t_i)}{\dfrac{E_c}{1+\chi\phi(t,\ t_0)}} \tag{3.25}$$

재령계수는 통상적으로 0.7에서 0.9 사이의 값으로 정해진다. ACI 209R-92는 응력이 발생하고 시간이 지남에 따라 변화하는 동안에 대해 재령계수를 시간에 대한 함수로 제시하고 있다. 식 (3.25)에서 재령보정 유효탄성계수 E_{age}는 다음과 같이 정의된다(Ghali et al., 2012).

$$E_{age} = \frac{E_c}{1+\chi\phi(t,\ t_0)} \tag{3.26}$$

이 계수는 시간이 지남에 따라 서서히 변하는 응력에 의한 변형을 산정하기에 적합하다. 여기에서 설명된 프리스트레스 손실을 추정하기 위한 두 가지 방법은 모두 재령보정 유효탄성계수가 공식에 대입된다.

3.5.3 시간증분법

시간증분법은 응력 증가로 인한 탄성변형과 크리프변형의 중첩을 기반으로 프리스트레스 손실을 산정하는 방법이다. 그림 3.7에 시간증분법에 대한 개념을 도식화하였다. 다양한 하중의 이력은 시간이 지남에 따라 하중 증가의 연속으로 표시된다.

각 하중의 증가는 탄성변형 및 크리프변형과 관련 있으므로 어느 시간대에서도 총 변형은 모든 하중에 대한 탄성 및 크리프변형과 건조수축변형의 총합으로 산정될 수 있다.

프리스트레스 손실 산정을 위한 시간증분법에 대한 지침은 Nilson(1987), Naaman(2012), PCI(1975), Gilbert and Ranzi(2011) 등이 저술한 여러 문헌에 나타나 있다. 구조물의 전체 수명 또는 주기 동안 발생할 것으로 예상되는 중요 하중 단계를 포함하고 각각의 단계에 대하여 시간 증분의 합으로 산정해야 한다. 일반적으로 건물 수명의 초기에 큰 변화가 발생하기 때문에 초기의 시간 증분은 비교적 짧으며 후기의 시간 증분은 길다. 다음의 다섯 단계는 각 시간 증가에 대하여 모든 텐던이 전체의 중심을 기준으로 그룹으로 거동한다고 가정하여 산정하는 방법이다. 시간 구간의 시작은 “$n-1$”, 시간 구간의 끝은 “n”으로 표시된다.

1 단계 - 시간 구간에 대한 크리프 및 건조수축의 증가 계산

적절한 모델을 사용하여 구간의 시작과 끝에서 다음의 크리프계수 및 건조수축변형률을 각각 결정한다 : $\phi(t_{n-1},\ t_0)$, $\phi(t_n,\ t_0)$, $\varepsilon_{shb}(t_{n-1})$, $\varepsilon_{shb}(t_n)$. 시작값과 종료값 사이의 차이를 이용해 해당 구간에서 크리프 및 건조수축의 증분을 산정한다.

2 단계 - 단면의 초기 탄성변형률 계산

시간 구간의 시작 시점에서 단면에 작용하는 축력과 모멘트, 단면 특성, 탄성계수 등과 단면의 깊이에 따라 형성된 변형률 분포를 기반으로 하중을 산출한다. 특히 프리스트레스 힘의 중심에서 콘크리트 변형률을 정확히 산정하는 것이 중요하다. 이 방법은 곡률이나 처짐의 변화를 결정하는 데 사용된다.

3 단계 - 프리스트레스 힘의 중심에 대한 장기 변형률 계산

프리스트레스 힘 중심의 탄성 변형률에 크리프계수의 증가량을 곱하면 크리프에 의한 변형률의 증가량 $\Delta\varepsilon_{cr}$이 계산된다. 추가로 건조수축에 의한 변형률 증가량 $\Delta\varepsilon_{shb}$을 더한다. 프리스트레스 긴장재의 탄성계수에 장기 변형률의 총합을 곱하고, 시간 구간에 대한 릴랙세이션 손실로 인한 건조수축 증가량을 추가하면, 이것이 총 프리스트레스 손실이 된다.

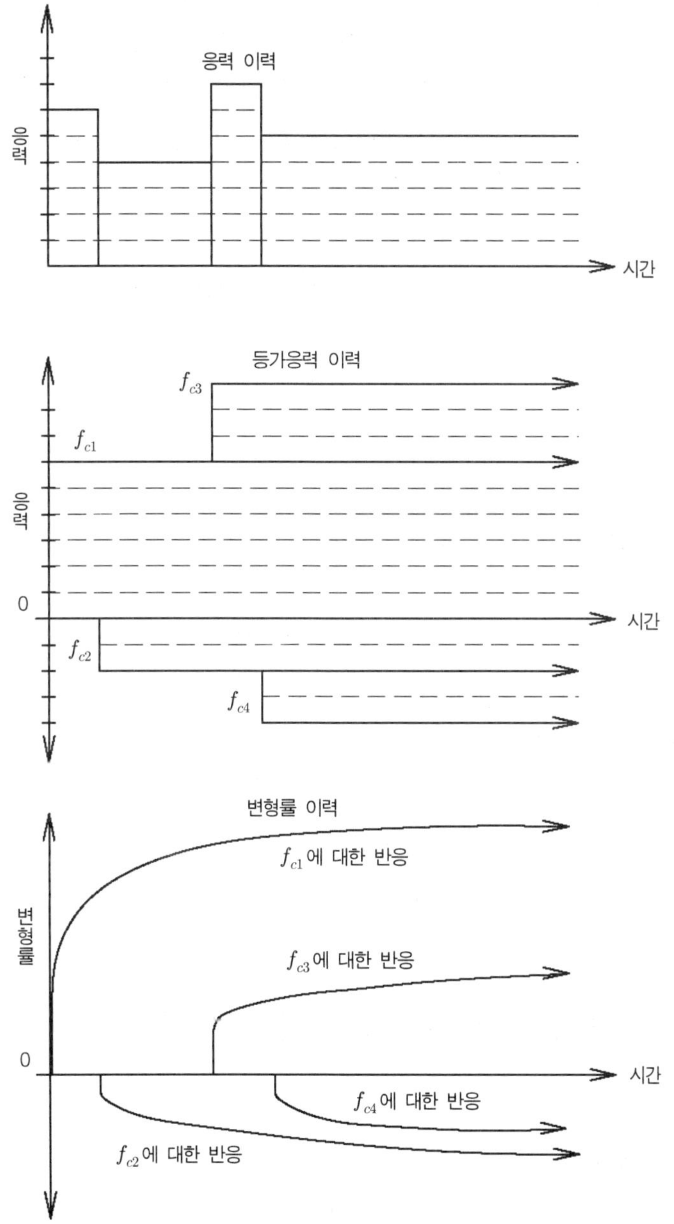

그림 3.7 **응력과 변형률의 중첩**(ACI, 2016)

4 단계 - 프리스트레스 손실에 의한 탄성 반발 계산

프리스트레스 손실로 인해 프리스트레스 힘 중심에서 응력변화를 계산하고, 이를 콘크리트 탄성계수로 나누어 변형률의 변화를 결정한다. 이 변형률에 긴장재의 탄성계수를 곱하여 프리스트레스의 인장응력 변화를 산정한다. 이는 프리스트레스 복구 혹은 탄성반발을 의미한다. 3단계에서 얻은 손실에서 이 값을 빼면 프리스트레스 손실의 순 증가량이 된다.

5 단계 - 다음 시간 구간의 시작에 대해 크리프를 발생시키는 힘 결정

프리스트레스 힘과 모멘트를 조정하여 이전 시간 구간에 대한 프리스트레스 손실을 반영한다. 새로운 힘과 모멘트를 이용하여 다음 구간의 시작에서 탄성변형률을 계산한다.

3.5.4 컴퓨터 프로그램의 사용

ADAPT-ABI(2012), DIANA(2012) 등과 같은 여러 상용 소프트웨어 프로그램에서 프리스트레스 손실 산정이나 콘크리트의 일반적인 시간에 따른 효과를 반영하고 있다. 사용자는 각 응용 프로그램에서 사용하는 손실 계산 및 크리프와 건조수축 함수 적용 방법에 대해 인지하고, 장단점을 구분하여 프로그램을 선택 및 사용하여야 한다.

3.6 프리스트레스 손실에 대한 기여도

프리스트레스 손실은 가변적이며, 앞서 기술된 대로 많은 요인이 영향을 미친다. 그림 3.8은 손실에 대한 각 요소의 기여도를 나타내고 있다. 특히 비율에 대한 변화를 주목할 필요가 있는데, 예를 들어 프리텐션 더블 티형보에서는 건조수축에 의한 손실이 15%인 반면 포스트텐션 보에서는 61%까지 나타난다. 그럼에도 불구하고 부재간의 건조수축에 의한 손실 절대값의 차이는 5.5 MPa로 매우 적다. 포스트텐션 슬래브와 포스트텐션 보의 프리스트레스 손실은 프리텐션 더블 티형보의 프리스트

레스 손실보다 적게 나타나는데, 이는 탄성수축과 크리프 손실에 의한 영향을 적게 받기 때문이다. 탄성수축에 의한 손실은 프리텐션 보의 모든 손실들 중 가장 크지만 포스트텐션 슬래브 및 보에서는 무시할 수 있을 정도이다. 프리스트레스 힘의 중심에서 응력은 포스트텐션 슬래브(1.10 MPa)나 보(2.07 MPa)에서보다 프리텐션 더블 티형보의 경우(8.62 MPa)가 월등히 더 크다. 콘크리트의 압축응력이 높을수록 더 많은 크리프에 의한 손실이 발생한다. 이러한 예시들에 기반하면 건조수축 특성의 다양성이 프리텐션 부재보다 포스트텐션 부재에서 비율상 더 큰 영향을 준다는 것을 유추할 수 있다.

Gilbertson and Ahlborn(2004)은 프리스트레스 손실의 모든 원인에 대한 변화를 고려해 손실을 측정하였다. 이 절에서는 프리스트레스 손실의 두 가지 원인인 탄성수축과 크리프에 대해 언급하고 있다. 정착으로 인해 일어나는 손실은 제외하였는데, 이는 일부 포스트텐션 적용에 직접 영향을 미칠 수 있음에도 불구하고 프리스트레싱 과정에서 과긴장으로 보완되곤 하기 때문이다. 마찰과 진동으로 인한 손실은 포스트텐션을 적용할 때 덕트의 형태와 위치에 따라 다양하게 나타난다. ACI 318에 의하면 계산된 인장길이와 실제 측정 인장길이의 차이가 7%를 초과할 경우 긴장을 재조정해야 한다.

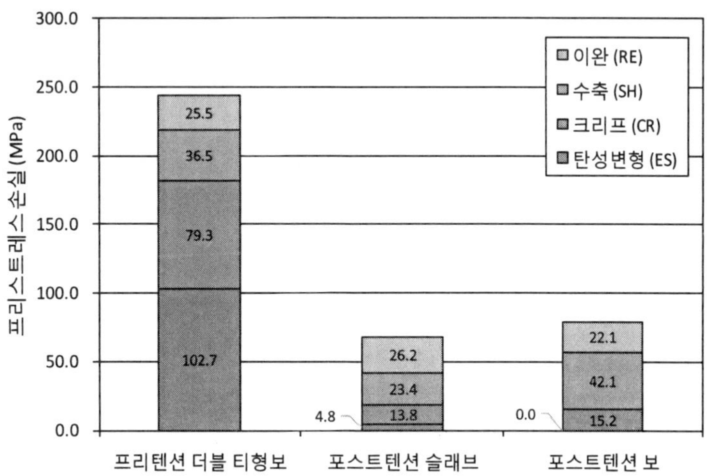

그림 3.8 **콘크리트 부재별 손실에 기여하는 비율의 예시(ACI, 2016)**

3.7 탄성계수

탄성계수는 부재의 초기 탄성수축에 직접적으로 영향을 미치며, 크리프로 인한 손실에는 간접적으로 영향을 준다. 아래 절에서는 탄성계수와 손실 산정의 변화에 대한 내용을 기술하고 있다.

3.7.1 탄성계수에 영향을 미치는 요소

콘크리트의 탄성계수 E_c는 프리스트레스 손실 계산에 가장 많은 영향을 미치는 요소들 중 하나이다. 탄성계수는 콘크리트의 구성성분과 시간에 따라 달라진다. 따라서 측정된 손실에서 상당한 변동성은 탄성계수에서 비롯된 것이다. 프리스트레스 손실의 정확한 측정은 탄성계수를 얼마나 정확하게 산출하는가에 따라 달라지기도 한다. 탄성계수에 영향을 미치는 요소들에는 골재의 종류와 부피, 시료의 습도 상태, 재하 조건, 그리고 시멘트의 강도 및 다공성 여부 등이 있다. 이들 요소들에 대한 정보는 참고문헌(예 : Hirsch, 1962)에 자세히 나타나 있다. E_c에 관련된 경험식들은 대부분 f_{ck}와 단위용적중량 w_c를 주요 변수로 개발되었으며, 다양한 경험식이 존재한다. 표 3.8과 그림 3.9는 압축강도에 따라 여러 경험식에 의하여 계산된 탄성계수 값들을 비교하고 있다.

표 3.8 **압축강도에 따른 탄성계수 경험식 값 비교(ACI, 2016 ; 단위 : MPa)**

f_{ck}	ACI 318 (2014)	Mehta and Monteiro #1 (1993)	Mehta and Monteiro #2 (1993)	ACI 363R (1992)	Ahmad and Shah (1982)	CEB-FIP (2010)
21	21,529	24,826	21,929	23,150	25,639	27,584
28	24,860	27,584	25,101	25,612	28,149	29,653
34	27,798	29,556	28,274	27,777	30,267	31,722
41	30,446	31,032	31,446	29,736	32,115	33,790
48	32,887	32,184	34,618	31,535	33,763	35,859
55	35,156	33,101	37,790	33,218	35,266	37,928
62	37,287	33,852	40,962	34,790	36,638	39,997
69	39,307	34,480	44,134	36,280	37,914	42,066

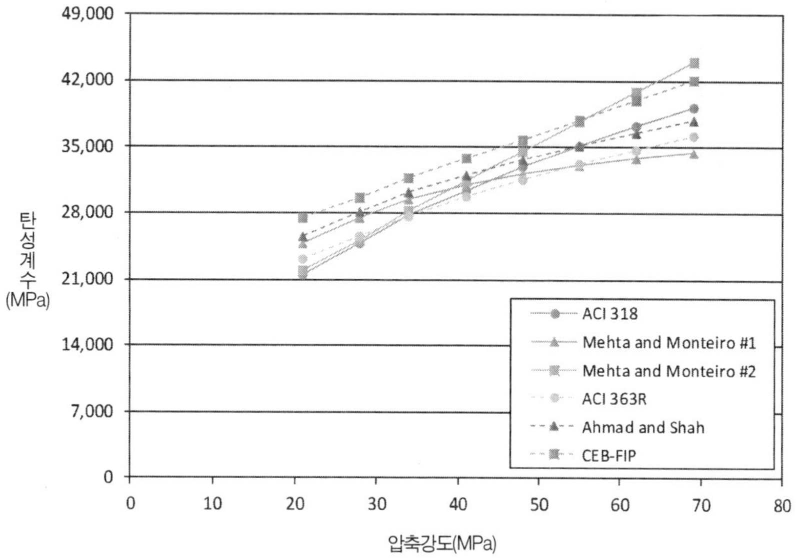

그림 3.9 **탄성계수 경험식 비교(ACI, 2016)**

3.7.2 골재 영향

탄성계수에 영향을 미치는 다른 요소에는 굵은 골새의 비율과 골재 특성이 있다(Mehta and Monteiro, 1993 ; Mindess et al., 2003). 골재 종류에 따른 탄성계수는 표 3.9에 기재된 수정계수들을 통해 얻어진다.

표 3.9 **골재 종류에 따른 수정계수(Myers and Carrasquillo, 2000)**

골재 종류	수정계수
현무암, 밀도 높은 석회암	1.2
규암	1.0
석회암	0.9
사암	0.7

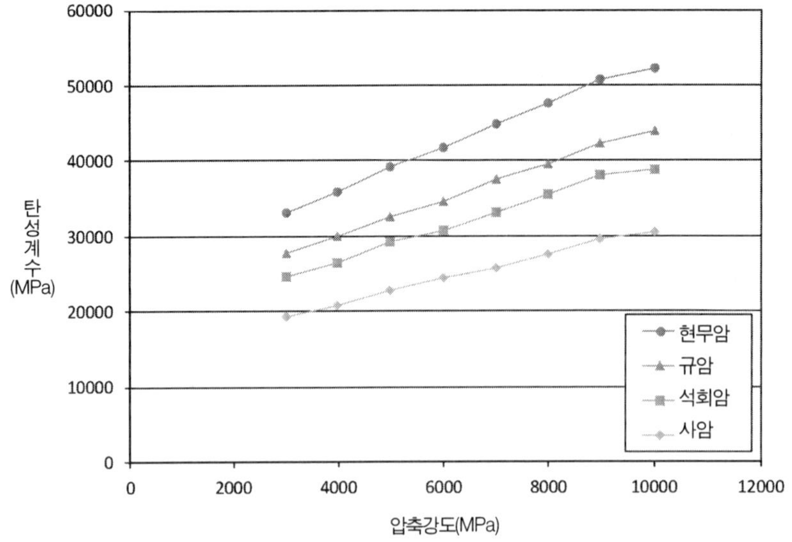

그림 3.10 **골재 종류에 따른 탄성계수 비교(Myers and Carrasquillo, 2010)**

그림 3.10은 콘크리트구조기준(2012)에 의해 계산된 E_c에 골재의 종류별 수정계수를 적용한 후, f_{ck}에 따른 탄성계수를 그래프로 나타낸 것이다. 굵은 골재로 현무암이 쓰였을 때 E_c값이 가장 크게 나타나며, 사암이 쓰였을 때 E_c값이 가장 작게 나타난다.

3.7.3 굵은 골재의 부피

탄성계수는 굵은 골재의 부피에 의해서도 영향을 받는다. 그림 3.11은 굵은 골재의 종류 및 부피에 대한 탄성계수 변화를 보여준다. 콘크리트에서 일반적으로 사용되는 골재를 고려해 볼 때, 탄성계수는 굵은 골재량의 증가와 비례하는 경향이 있다. 다만, 이러한 경향은 탄성계수 경험식에 의해 반영되어 있지 않으므로 프리스트레스 장기 손실 산정에 있어 설계자의 공학적 판단이 요구된다.

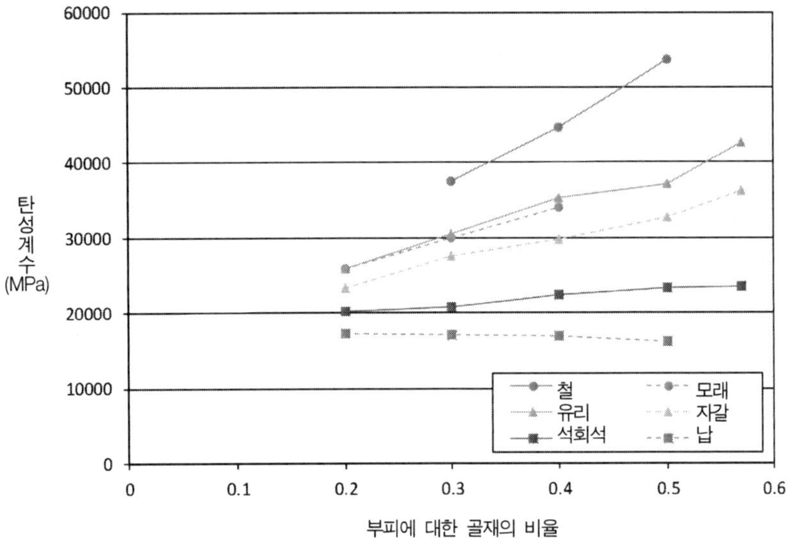

그림 3.11 **골재 부피에 따른 탄성계수 비교**(Mindess et al., 2003)

3.8 크리프

콘크리트 크리프는 지속적인 하중에 의해 발생하는 변형으로서 시간 종속적 현상이다. 이는 시멘트의 부피, 물-시멘트 비율, 골재의 종류와 양, 재하 시간에 따른 콘크리트 재령, 프리스트레스 정도, 프리스트레스트 부재의 재령, 부재 형태 등을 포함하여 다양한 요소에 의해 영향을 받는다. 크리프에 대해서는 한국콘크리트학회 실무지침(KCI PM211.1-13), ACI 209.1R-05, ACI 209.2R-08 등에 잘 나타나 있다. 크리프는 많은 요소 중 시멘트 양에 가장 크게 영향을 받는다. 영향을 미치는 요인들 중 대부분은 탄성계수에 영향을 미치는 것들과 유사하다(Glucklich and Ishaim, 1962). 예를 들어, 골재의 양이 많을수록, 골재가 단단할수록, 강도가 높을수록 크리프가 줄어드는 경향이 있다. 프리스트레스트 콘크리트 설계 전문가는 크리프에 영향을 미칠 수 있는 콘크리트 혼합물 내 모든 상호작용들에 대해 다루기보다는 단일 크리프계수의 조정을 통해 크리프 영향을 고려한다. 프리스트레스 손실을 계산하기 위하여 크리프의 효과는 크리프계수 ϕ_0를 사용하여 반영하며, 이는 초기 탄성변형에 대한 장기 크리프 변형 비율을 의미한다. 크리프계수는 일반적으로 1에서 3.5 사이의 값을 가지며, 대부분의 보통 콘크리트 혼합물에 대해 2.35를 사용한다.

3.9 프리스트레스 손실 산정 예제

이 예제는 단일 비부착 텐던이 배치된 전형적인 1방향 포스트텐션 슬래브에서 프리스트레스 손실 계산을 보여준다. 단기손실은 3.2절에 제시된 방법을 통해 산정되었으며, 장기손실은 3.4절에 제시된 간략화 방법을 이용하여 계산되었다.

3.9.1 기본조건 및 예제

이 예제는 그림 3.12에 나타낸 것과 같이 현장타설 400 mm×800 mm 콘크리트 보 사이 8.0 m 경간 1방향 슬래브 6 개 경간에 대하여 고려하였다.

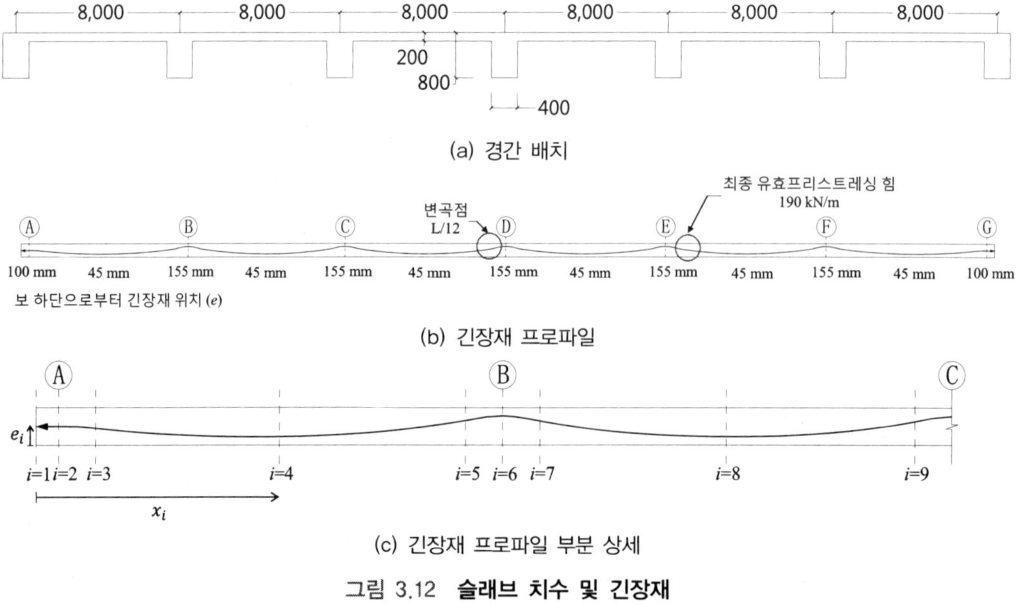

그림 3.12 **슬래브 치수 및 긴장재**

– 단면 및 콘크리트 제원

- 슬래브 두께=200 mm
- RH=80 %
- 보통중량콘크리트 사용
- f_{ci}=21.0 MPa(프리스트레스를 도입할 때)
- f_{ck}=27.0 MPa
- w_c=2,400 kg/m^3
- E_{ci}=24,854 MPa
- E_c=26,702 MPa
- 프리스트레스를 도입할 때 콘크리트 재령=3일

– 긴장재 제원

- 저릴랙세이션 긴장재 배치, 비부착 시스템
- 긴장재 직경=12.7 mm
- 슬래브 단위폭당 요구되는 유효 긴장재 힘=190,000 N/m ; 여기서, 중심 간 간격 0.6 m로 배치된 긴장재의 최종 유효 프리스트레싱 힘은 긴장재당 114,000 N으로 가정함.
- 긴장재 단면적=98.7 mm^2
- E_{ps}=200,000 MPa
- f_{pu}=1,860 MPa
- 긴장응력=0.75×1,860 MPa=1,395 MPa
- 곡률마찰계수=0.07 rad^{-1}
- 파상마찰계수=0.0033 m^{-1}
- 정착장치 활동량=6.0 mm
- l/12 지점에 변곡점 존재
- 좌측 단부에서 긴장재 긴장 가정

3.9.2 마찰손실 및 신장량

마찰과 정착장치 활동에 의한 손실량은 3.2절에 제시된 방법을 이용하여 산정된다. 모든 긴장재는 여러 개의 개별적인 포물선 분절요소로 이상화되었으며, 포물선 변곡점에서 편심은 식 (3.27)과 그림 3.13에서 같이 산정할 수 있다.

$$e_i = \frac{e_{i-1}(x_{i+1} - x_i) + e_{i+1}(x_i - x_{i-1})}{(x_{i+1} - x_{i-1})} \tag{3.27}$$

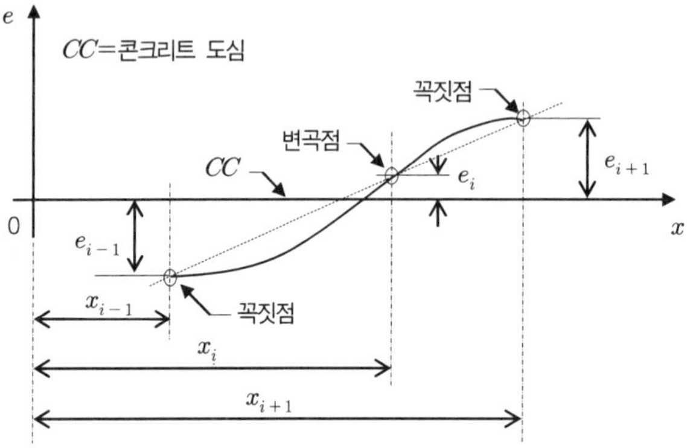

그림 3.13 **변곡점의 위치**

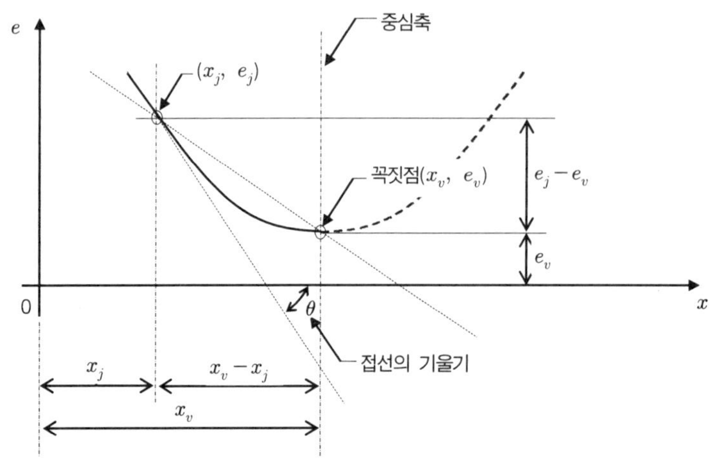

그림 3.14 **포물선 분절요소 임의의 지점에서 기울기**

따라서 각 분절요소의 각도 편차는 식 (3.28) 및 그림 3.14에 보이는 바와 같이 산정될 수 있다.

$$\theta_j = \tan^{-1}\left(2\frac{e_j - e_v}{x_j - x_v}\right) \tag{3.28}$$

식 (3.29)에 나타낸 지수함수가 계산되면, 긴장응력을 곱함으로써 정착장치 활동 전, 각 분절요소 끝단에서 긴장재 응력을 산정할 수 있다.

$$\sigma_{before\,set}(x) = \sigma_{jacking}e^{-(\mu_p\theta + Kx)} \tag{3.29}$$

긴장재 전체길이에 걸쳐 산정된 마찰손실 과정 및 결과는 표 3.10에 나타낸 바와 같다.

3.9.3 정착손실

긴장재의 힘은 정착장치 활동에 의하여 그림 3.15에 나타낸 것과 같이 정착장치 활동 전과 후의 응력곡선 사이 면적만큼 손실된다. 정착장치 활동 전과 후의 응력곡선의 기울기는 크기가 같고 부호가 반대이며, 정착장치 활동이 영향을 미치는 길이와 최대 응력 $f_{p,\max}$는 수치해석적으로 결정될 수 있다. 즉 단부에서 정착장치 활동 후 긴장재의 응력을 가정하고, 정착장치 활동 전의 응력곡선 기울기를 정착장치 활동 후의 응력곡선 기울기의 반대 부호로 적용하여 두 응력곡선 사이의 면적을 산정한다. 이 면적은 정착장치 활동에 의한 단위길이당 손실량이며, 이를 긴장재의 탄성계수 E_{ps}로 나눈 값이 정착장치의 활동량 Δs이 된다. 이 예제에서는 정착장치의 활동량이 이 6.0 mm로 주어졌으므로 산정된 정착장치의 활동량이 6.0 mm가 될 때까지 이 계산과정을 반복함으로써 정착장치 활동이 영향을 미치는 길이 및 긴장재의 최대응력을 구할 수 있다. 그러나 이러한 상세 방법은 과도한 반복계산을 필요로 하기 때문에 잘 사용되지 않으며 대신 3.2.4절에 나타낸 간략화 방법이 주로 사용된다.

$$l_s = \sqrt{\frac{E_{ps}\Delta s l_{ps}}{d}} = \sqrt{\frac{200,000 \times 6 \times 48,000}{(1,395 - 1,095)}} = 13.9\ \text{m}$$

표 3.10 **마찰손실, 정착손실 및 신장량**

	i	e_i (mm)	$\|e_i - e_v\|$ (mm)	x_i (m)	$\|x_i - x_v\|$ (m)	θ_i (rad)	α_{px_i} (rad)	$\exp(-Kx-\mu_p\alpha_{px})$	정착 전 응력 (MPa)	정착 후 응력 (MPa)	신장량 (mm)
단부	1	100.0	0.0	0.0	0.0	0.000	0.000	1.000	1395	1222	0.0
	2	90.8	9.2	0.7	0.7	0.027	0.027	0.996	1389	1226	4.1
경간 중앙 1	3	45.0	45.8	4.0	3.3	0.027	0.055	0.983	1371	1247	24.7
	4	136.7	91.7	7.3	3.3	0.055	0.110	0.969	1351	1267	45.6
지점 B	5	155.0	18.3	8.0	0.7	0.055	0.165	0.963	1343	1272	49.9
	6	136.7	18.3	8.7	0.7	0.055	0.220	0.957	1335	1276	54.1
경간 중앙 2	7	45.0	91.7	12.0	3.3	0.055	0.275	0.943	1315	1297	75.5
	8	136.7	91.7	15.3	3.3	0.055	0.330	0.929	1296	1296	97.2
지점 C	9	155.0	18.3	16.0	0.7	0.055	0.385	0.923	1288	1288	101.5
	10	136.7	18.3	16.7	0.7	0.055	0.440	0.918	1280	1280	105.7
경간 중앙 3	11	45.0	91.7	20.0	3.3	0.055	0.495	0.904	1261	1261	126.9
	12	136.7	91.7	23.3	3.3	0.055	0.549	0.891	1243	1243	147.8
지점 D	13	155.0	18.3	24.0	0.7	0.055	0.604	0.886	1235	1235	151.9
	14	136.7	18.3	24.7	0.7	0.055	0.659	0.880	1228	1228	156.0
경간 중앙 4	15	45.0	91.7	28.0	3.3	0.055	0.714	0.867	1210	1210	176.3
	16	136.7	91.7	31.3	3.3	0.055	0.769	0.854	1192	1192	196.4
지점 E	17	155.0	18.3	32.0	0.7	0.055	0.824	0.849	1185	1185	200.3
	18	136.7	18.3	32.7	0.7	0.055	0.879	0.844	1178	1178	204.3
경간 중앙 5	19	45.0	91.7	36.0	3.3	0.055	0.934	0.832	1160	1160	223.7
	20	136.7	91.7	39.3	3.3	0.055	0.989	0.820	1143	1143	242.9
지점 F	21	155.0	18.3	40.0	0.7	0.055	1.044	0.815	1136	1136	246.7
	22	136.7	18.3	40.7	0.7	0.055	1.099	0.810	1129	1129	250.5
경간 중앙 6	23	45.0	91.7	44.0	3.3	0.055	1.154	0.798	1113	1113	269.2
	24	90.8	45.8	47.3	3.3	0.027	1.181	0.787	1099	1099	287.6
단부	25	100.0	9.2	48.0	0.7	0.027	1.209	0.784	1094	1094	291.3

$$\Delta f_{pA} = 2\sqrt{\frac{E_{ps} f_{pFL} \Delta s}{l_{ps}}} = 2\sqrt{\frac{200{,}000 \times (1{,}395 - 1{,}095) \times 6}{48{,}000}} = 173.2\ \text{MPa}$$

$$f_{p,\max} = 1{,}395 - \frac{f_{pFL}}{l_{ps}} l_s = 1{,}395 - \frac{(1{,}395 - 1{,}095)}{48{,}000} \times 13{,}900 = 1{,}308\ \text{MPa}$$

즉 이 예제에 대해서 간략화 방법으로 정착장치 활동이 영향을 미치는 길이 l_s와 긴장재의 최대응력을 산정하면 각각 13.9 m와 1,308 MPa로 구해진다.

3.9.4 탄성수축에 의한 손실

탄성수축에 의한 손실은 3.2.5절에 나타낸 간략화 방법을 통해 다음과 같이 산정되었다.

요구되는 최종 유효 프리스트레싱 힘=190,000 N/m

긴장재의 중심간 간격 0.6 m

이 예제에서 마찰손실과 정착손실 이후의 초기 평균응력=1,2131 MPa

슬래브 단위폭(1 m)당 긴장재 단면적=164.5 mm^2

K_{es}=포스트텐션 부재에 대해서 0.5

$f_{cpi} = (1,211 \times 164.5)/(1000 \times 200) = 1.00$ MPa

$\triangle f_{pES} = K_{es} E_{ps} f_{cpi} / E_{ci} = (0.5)(200,000)(1.00)/(24,854) = 4.02$ MPa

3.9.5 총 단기손실 및 장기손실의 구분

총 단기손실은 앞서 계산된 마찰, 정착장치의 활동 및 탄성수축에 의한 손실을 합하여 산정된다. 다만, 표 3.10에 나타낸 바와 같이 마찰 및 정착손실은 부재의 길이방향 단면 위치에 따라 값이 달라진다. 따라서 부재의 길이방향 단면 위치별 단기손실량은 표 3.10에 나타낸 마찰 및 정착손실에 탄성수축에 의한 손실량 4.02 MPa을 더한 값이 된다.

장기손실은 크게 크리프, 건조수축 및 릴랙세이션에 의한 장기손실로 구분되는데, 3.4절에서 제시된 간략화 방법을 통해 다음과 같이 산정되었다.

3.9.6 크리프에 의한 손실

크리프에 의한 손실은 3.4.1절에 나타낸 간략화 방법을 통해 다음과 같이 산정되었다.

k_{cr}=보통중량 포스트텐션 부재에 대해서 1.6

$\triangle f_{pCR} = k_{cr}(E_{ps}/E_c) f_{cpi} = (1.6)(200,000/26,702)(1.00) = 11.98$ MPa

3.9.7 건조수축에 의한 손실

건조수축에 의한 손실은 3.4.2절에 나타낸 간략화 방법을 통해 다음과 같이 산정되었다.

$k_{sh}=0.85$

$$V/S=\frac{1{,}000\times 200\times 48{,}000}{2(1{,}000\times 200+1{,}000\times 48{,}000)}=99.6\text{ mm}$$

$$\begin{aligned}\Delta f_{pSH}&=(8.2\times 10^{-6})k_{sh}E_{ps}(1-0.0024\,V/S)(100-RH)\\&=(8.2\times 10^{-6})(0.85)(200{,}000)[1-0.0024(99.6)](100-80)\\&=21.22\text{ MPa}\end{aligned}$$

3.9.8 텐던 릴랙세이션에 의한 손실

텐던 릴랙세이션에 의한 손실은 3.4.3절에 나타낸 간략화 방법을 통해 다음과 같이 산정되었다. 표 3.7로부터 $k_{re,2}$와 $k_{re,3}$의 값을 얻을 수 있고, 식 (3.20)을 통해 $k_{re,1}$을 계산하였다.

$k_{re,3}=34$ MPa

$k_{re,2}=0.04$

평균 긴장재 초기응력 $f_{pi}=1{,}213$ MPa

$f_{pi}/f_{pu}=1{,}213\text{ MPa}\ /\ 1{,}860\text{ MPa}=0.65$

$k_{re,1}=[0.65/0.21][0.65/0.9-0.55]=0.533$

$$\begin{aligned}\Delta f_{pRE}&=[k_{re,3}-k_{re,2}(\Delta f_{pSH}+\Delta f_{pCR}+\Delta f_{pES})]k_{re,1}\\&=[34-0.04(21.22+11.98+4.02)](0.533)=17.11\text{ MPa}\end{aligned}$$

3.9.9 총 장기손실

총 장기손실량은 $\Delta f_{pLT} = \Delta f_{pCR} + \Delta f_{pSH} + \Delta f_{pRE} = 11.98 + 21.22 + 17.11 = 50.3$ MPa으로 산정된다. 따라서 모든 손실이 고려된 최종적인 긴장재 유효프리스트레스는 정착 이후 긴장재 응력으로부터 장기손실량을 감하여 산정되며, 이는 그림 3.15에 나타낸 바와 같다. 슬래브 내의 요구되는 유효 긴장재 힘 190,000 N/m와 비교하였을 때, 슬래브 단위폭당 최종적인 긴장재의 유효프리스트레스 힘은 $1162.7 \times 164.5 = 191,264$ N/m이다. 여기서 슬래브 단위폭(1 m)당 긴장재 단면적은 3.9.4절에 164.5 mm^2로 나타나 있다.

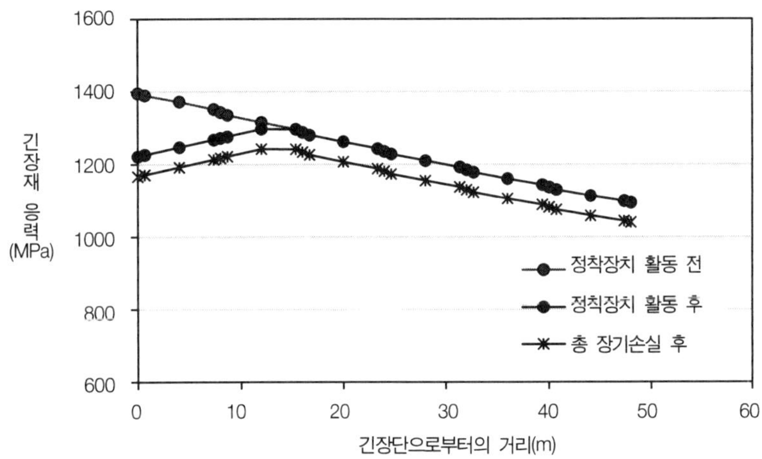

그림 3.15 **긴장재 길이에 걸친 응력 분포도**

참고문헌

1) 기상청 기상산업정보화국, (2012) 한국기후도 : 1981-2010, 기상청, 2012.
2) 한국건설기술연구원, PSC 교량의 스마트 긴장력 관리 기술 개발(KICT 2014-171), 한국건설기술연구원, 2014.
3) 한국도로교통협회, 도로교설계기준, 건설정보사, 2015.
4) 한국철도시설공단, 철도교설계기준, 한국철도시설공단, 2013.
5) 한국콘크리트학회, 건축 포스트텐션 시스템(콘크리트 실무매뉴얼 KCI PM105.1-13), 기문당, 2013a
6) 한국콘크리트학회, 콘크리트구조기준, 기문당, 2012.
7) 한국콘크리트학회, 콘크리트 장기거동 해석 및 적용(콘크리트 실무매뉴얼 KCI PM211.1-13), 기문당, 2013.
8) 한국콘크리트학회, PS 긴장재 시공, 긴장관리 및 그라우팅(콘크리트 실무매뉴얼 KCI PM105.2-13), 기문당, 2013b
9) AASHTO, AASHTO LRFD Bridge Design Specifications, 7th ed., American Association of State Highway and Transportation Officials, USA, 2014.
10) AASHTO, AASHTO LRFD Bridge Design Specifications, American Association of State Highway and Transportation Officials, USA, 2012.
11) AASHTO, Guide Specifications for Design and Construction of Segmental Concrete Bridges, 2nd ed., American Association of State Highway and Transportation Officials, Washington, D.C., USA, 1999.
12) ACI Committee 209, Guide for Modeling and Calculating Shrinkage and Creep in Hardened Concrete (209.2R-08), American Concrete Institute, USA, 2008.
13) ACI Committee 209, Prediction of Creep, Shrinkage and Temperature Effects in Concrete Structures (ACI 209R-92) (Reapproved 2008), American Concrete Institute, USA, 1992 .
14) ACI Committee 209, Report on Factors Affecting Shrinkage and Creep of Hardened Concrete (ACI 209.1R-05), American Concrete Institute, USA, 2005.
15) ACI Committee 318, Building Code Requirements for Reinforced Concrete (ACI 318-63), American Concrete Institute, 1963.
16) ACI Committee 318, Building Code Requirements for Structural Concrete (ACI 318-11 and Commentary, American Concrete Institute, USA, 2011.

17) ACI Committee 318, Building Code Requirements for Structural Concrete (ACI 318-14) and Commentary, American Concrete Institute, USA, 2014.

18) ACI Committee 363, State-of-the-Art Report on High Strength Concrete (ACI 363R-92) (Reapproved 1997), American Concrete Institute, USA, 1992.

19) ACI Committee 435, Control of Deflection in Concrete Structures (ACI 435R-95) (Reapproved 2000) (Appendix B added 2003), American Concrete Institute, USA, 2003.

20) ACI-ASCE Committee 423, Guide to Estimating Prestress Losses (ACI 423.10R-16), American Concrete Institute, USA, 2016.

21) ACI–ASCE Joint Committee 323, "Tentative Recommendations for Prestressed Concrete", Journal Proceedings, American Concrete Institute, Vol. 54, No. 1, 1958, pp.545~578.

22) ADAPT-ABI, ADAPT Corporation, USA, 2012.

23) Ahmad, S. H. and Shah, S. P., "Complete Triaxial Stress-Strain Curves for Concrete", Journal of the Structural Division, American Society of Civil Engineers, Vol. 108, No. 4, 1982, pp.728~742.

24) Bazant, Z. P. and Baweja, S., "Creep and Shrinkage Prediction Model for Analysis and Design of Concrete Structures – Model B3", Materials and Structures, Vol. 28, 1995, pp.357~365, 415~430, 488~495.

25) British Standards Institution, Eurocode 2-Design of Concrete Structures, British Standards Institution, UK, 2004.

26) Comité Euro-International du Béton, Structural Concrete–Textbook on Behaviour, Design and Performance, Updated Knowledge of the CEB/FIP Model Code 1990, CEB-FIP, Switzerland, 1999, Vol. 2, pp.37~52.

27) CEN, Execution of Concrete Structures (EN 13670), European Committee for Standardization, Belgium, 2009.

28) DIANA, TNO DIANA BV, Netherlands, 2012.

29) FHWA, Criteria for Prestressed Concrete Bridges, Federal Highway Administration, USA, 1954.

30) fib, fib Model Code for Concrete Structures 2010, The International Federation for Structural Concrete, Lausanne, Switzerland, 2013.

31) fib, Post-tensioning in Buildings, Technical Report Prepared by Task Group 1.1, CEB-FIP, Switzerland, 2005.

32) Gardner, N. J. and Lockman, M. J., "Design Provisions for Drying Shrinkage and Creep of Normal Strength Concrete", ACI Materials Journal, Vol. 98, No. 2, 2001, pp.159~167.

33) Ghali, A., Favre, R., and Elbadry, M., Concrete Structures - Stresses and Deformations : Analysis and Design for Serviceability, Spon Press, USA, 2012.

34) Gilbert, R. I. and Ranzi, G., Time-Dependent Behaviour of Concrete Structures, Spon Press, USA, 2011.

35) Gilbertson, C. G. and Ahlborn, T. M., "A Probabilistic Comparison of Prestress Loss Methods in Prestressed Concrete Beams", PCI Journal, Vol. 49, No. 5, 2004, pp.52~69.

36) Glucklich, J. and Ishaim, O., "Creep Mechanism in Cement Mortar", Journal Proceedings, American Concrete Institute, 1962, pp.923~948.

37) Hirsch, T. J., "Modulus of Elasticity of Concrete Affected by Elastic Moduli of Cement Paste Matrix and Aggregate", Journal Proceedings, American Concrete Institute, 1962, pp.427~450.

38) Kelley, G. S., "Prestress Losses in Post-Tensioned Structures", PTI Technical Notes, Post-Tensioning Institute, No. 10, 2000.

39) Mehta, P. K. and Monteiro, P. J. M., Concrete Structure, Properties and Materials-Second Edition, Prentice Hall, USA, 1993.

40) Mindess, S., Young, J. F., and Darwin, D., Concrete-Second Edition, Prentice Hall, USA, 2003.

41) Myers, J. J. and Carrasquillo, R. L., "Mixture Proportioning for High-Strength High-Performance Concrete Bridge Beams", ACI Special Publication, Vol. 189, 2000, pp.37~56.

42) Naaman, Antoine E., Prestressed Concrete Analysis and Design-Third Edition, Technopress 3000, USA, 2012.

43) Nilson, A. H., Design of Prestressed Concrete-Second Edition, John Wiley and Sons, Inc., USA, 1987.

44) PCI Committee on Prestress Losses, "Recommendations for Estimating Prestress Losses", PCI Journal, Vol. 20, No. 4, 1975, pp.44~75.

45) PCI, PCI Design Handbook-Precast and Prestressed Concrete Institute-Seventh Edition, Precast/Prestressed Concrete Institute, USA, 2010.

46) PCI, PCI Standard Building Code for Prestressed Concrete, Precast/Prestressed Concrete Institute, USA, 1959.

47) PTI, Field Procedures Manual for Unbonded Single Strand Tendons (PTI M10.3-00), Post-Tensioning Institute, USA, 2000.

48) PTI, Guide Specification for Grouted Post-Tensioning (PTI M50.3-12), Post-Tensioning Institute, USA, 2012.

49) PTI, Level 1-2 Bonded PT Field Installation (PTI C30.4-07), Post-Tensioning Institute, Michigan, USA, 2007.

50) PTI, Post-Tensioning Manual-Sixth Edition, Post-Tensioning Institute, USA, 2006.

51) PTI, Technical Notes (Issue 10), Post-Tensioning Institute, 2000.

52) Sakata, K., "Prediction of Concrete Creep and Shrinkage, Creep and Shrinkage of Concrete", Proceedings of the 5th International RILEM Symposium, Spain, 1993.

53) Standards New Zealand, Concrete Structures Standard Part 1-The Design of Concrete Structures (NZS 3101-1), Standards New Zealand, 2006.

54) Structural Engineers Association of Northern California (SEA/NC), "Building Code Requirements for Prestressed Concrete", PCI Journal, Vol. 4, No. 1, 1959, pp.72~78.

55) Trost, H., "Implications of the Superposition Principle in Creep and Relaxation Problems for Concrete and Prestressed Concrete", Beton und Stahlbetonbau, Vol. 62, 1967, pp.230~238, 261~269.

56) Wendner, R., Hubler, M. H., and Bažant, Z., The B4 model for multi-decade creep and shrinkage prediction, CONCREEP-9, MIT, USA, 2013.

57) Zia, P., Preston, H. K., Scott, N. L., and Workman, E. B., "Estimating Prestress Losses," Concrete International, Vol. 1, No. 6, 1979, pp.32~38.

제4장 맺음말

이 실무지침은 비부착 텐던 관련 규정과 비부착 텐던의 프리스트레스 손실 산정에 대한 경험값 및 방법론을 한 지침서에 정리하고자 노력한 산물이다. 국내에서도 비부착 텐던은 건축물과 원전 구조물에 다양한 형태로 쓰이고 있고, 그 적용성이 계속적으로 증가하고 있는 반면 관련 규정은 부족한 실정이다. 따라서 이 부분에 대한 지침은 반드시 필요하다고 생각된다.

부착 텐던과 비부착 텐던 공히 부식문제에 있어서 세심한 주의를 기울여야 한다. 비부착 텐던의 경우 압출성형 단일 피복 텐던이 부식방지에 있어 탁월한 성능을 보여주고 있기 때문에 이 실무지침에서는 이와 관련된 규정이 주로 제시되었다. 텐던이라고 하면 긴장재뿐 아니라 쉬스, 정착구 등도 함께 포함하는 용어이므로 이 지침서에서는 비부착 텐던용 정착구에 대한 성능평가 실험에 대해서도 다루어졌다. 또한 압출성형 피복 텐던이 쓰이지 않은 오래된 구조물에서 발생하는 내구성 문제 또는 여러 가지 불가항력적인 외부 영향에 의하여 발생하는 부식문제를 방지하기 위한 지침과 보수보강 지침에 대해서도 기술되었다. 이러한 맥락에서 캡슐형 정착구의 필요성이 앞으로 더욱 대두될 것으로 예상된다.

전체 장단기 프리스트레스 손실은 긴장재 공칭인장강도의 15% 수준으로 상당하며, 이중에서 장기손실은 5% 수준으로 크지 않으나 설계 및 시공단계에서 이에 대한 부분을 공학적으로 고려하지 않으면 프리스트레스 손실이 상당히 커질 수 있다.

이는 종국에 균열 발생 및 처짐 증가 등 사용성 문제와 내구성 문제를 발생시킨다. 또한 극한강도 설계 단계에서도 장단기 손실을 고려한 유효 프리스트레스 또는 긴장력의 산정은 반드시 필요하다.

이 실무지침의 집필진은 집필 초기단계에서 다음과 같은 논의를 한 적이 있다. 여기에서 괄호 안의 숫자는 0~100% 사이에서 해당 사항에 대한 지표를 나타내며, 수치가 높을수록 각 해당 사항에 부합함을 의미한다.

– 과학성에 기반하면 경험값(5%), 단기손실(90%), 장기손실 근사해법(50%), 장기손실 정밀산정(80%) 정도의 지표를 가진다고 생각되고,
– 실무적 편리성에 근거하면 경험값(100%), 단기손실(70%), 장기손실 근사해법(50%), 장기손실 정밀산정(5%) 정도라 판단되며,
– 실제적인 값에 근접할 가능성을 추측하면 경험값(80%), 단기손실(90%), 장기손실 근사해법(50%), 장기손실 정밀산정(50%) 정도라 예상되고,
– 현대성을 반영하면 경험값(5%), 단기손실(90%), 장기손실 근사해법(50%), 장기손실 정밀산정(90%) 정도라 여겨지며,
– 계산의 복잡성으로 볼 땐 경험값(0%), 단기손실(50%), 장기손실 근사해법(30%), 장기손실 정밀산정(95%) 정도로 느껴지고,
– 자료의 일관성을 고려하면 경험값(70%), 단기손실(90%), 장기손실 근사해법(80%), 장기손실 정밀산정(20%) 정도라 추측된다.

장기손실에 대해서는 연구자마다 예측 결과가 모두 다르기 때문이고, 정밀산정은 고려할 변수와 해석 방법이 많은데, 실무지침에서는 각각에 대하여 간략하게 언급될 수밖에 없는 실정이다. 이렇듯 막연하게 생각하는 것 이상으로 어려운 부분이 프리스트레스 손실이라 할 수 있다.

이 실무지침은 기존에 한국콘크리트학회 프리스트레스트콘크리트위원회에서 출간한『건축 포스트텐션 시스템』(2013),『PS 긴장재의 시공, 긴장관리 및 그라우팅』(2013), 그리고『프리스트레스트 콘크리트 건축물과 플랜트 구조물의 설계 및 공법』(2015)에 이은 네 번째 실무지침이다. 한국콘크리트학회 프리스트레스트콘크리트위원회는 관련 전문기술의 대중적인 보급을 위하여 프리스트레스트 콘크리트 구조물의 설계, 공법, 시공, 제품, 재료, 상세, 시방에 관한 실무지침을 계속적으로 편찬해 나갈 예정이다.

참고문헌

1) 한국콘크리트학회, 건축 포스트텐션 시스템(콘크리트 실무매뉴얼 KCI PM105.1-13), 기문당, 2013a

2) 한국콘크리트학회, 프리스트레스트 콘크리트 건축물과 플랜트 구조물의 설계 및 공법(콘크리트 실무지침 KCI PM105.3-14), 기문당, 2014.

3) 한국콘크리트학회, PS 긴장재 시공, 긴장관리 및 그라우팅(콘크리트 실무매뉴얼 KCI PM105.2-13), 기문당, 2013b

콘크리트 실무지침

비부착 텐던의 규정, 시공 및 프리스트레스 손실 산정

2016년 12월 25일 1판 1쇄 인쇄
2016년 12월 30일 1판 1쇄 발행

관리주체 사단법인 한국콘크리트학회
서울특별시 강남구 테헤란로7길 22
한국과학기술회관 신관 1009호
TEL. 02)568-5984~7
FAX. 02)568-1918

출판보급처 기 문 당
서울시 성동구 무학봉28길 4-1
TEL. 02)2295-6171(代)~5
FAX. 02)2296-8188

출판등록 1976. 10. 7 (1-44)

홈페이지 http : // 기문당
http : // www.kimoondang.com

I S B N 978-89-6225-763-2 93530

정 가 13,000원